# 創業名人堂

Entrepreneurship Hall of Fame

一本屬於台灣創業家的紀錄專書

精選百工職人們的創業故事

灣闊文化出版社

WAN-KUO CULTURE PUBLISHING

灣闊文化的LOGO，是由許多小點組成的台灣，每一點都代表著創業家心中被點亮的創意。LOGO 上的紅色三角，則代表著創意不斷向外擴展，讓台灣得以走向世界。

我們深信，所有台灣在地的品牌故事都值得被紀錄，並被永久保存於國家圖書館，讓我們的下一代也能認識，這專屬於台灣的創業名人堂。

# 推薦序

## 後疫情時代的創業成功之道

來自後疫情時代的影響，你會如何選擇？也許沒有絕對正確的答案，只有適者生存的方法。

「創業」讓人充滿想像與希望，然而面對社會的真實面、迫於現實的壓力，創業者總會有想放棄經營的念頭；尤其受到疫情影響，選擇創業的經營者與未來的老闆們，勢必要付出更多心力思考時勢的變化與經營方針。

身為創業者更應該掌握、了解消費者的習慣，來建立「業者」與「消費者」之間的連結。隨著「零接觸通路」加速發展，這些曾經看似沒有人情溫度的商業模式，如今卻意外成了最主流的消費習慣。

台灣傳統產業面臨數位化轉型、全球環保意識抬頭及如何讓企業永續發展的問題；以上考驗的是創業者的應變能力與思維，在資金與技術資源有限的條件下，如何維持營運及穩健發展是最大的挑戰。

本書中的創業故事，除了分享獨特的品牌核心價值，更能從創業者的角度，看到不同面向的經營思維，而這也是本書中所有創業家最可貴的無形資產。

———時來運轉珠寶店、皇家珠寶維修中心
負責人 張超閔

# 目錄

# 萌寵動物醫院

圖：院長剖腹產接生的博美犬寶寶回診打預防針，可愛的模樣看著心都融化了

## 致力打造「貓友善醫院」毛孩看診安心又舒適

「養小孩不如養寵物」早已是台灣當代的社會趨勢，尤其現代人擔心自己的毛小孩單獨在家會感到孤單，往往會養兩隻以上的寵物相互作伴。根據寵物登記管理資訊網的統計，2021年全台貓狗新增登記數高達近 23 萬隻，連續 5 年攀升新高。為了服務廣大的毛孩家人，已有近十年動物醫療經驗的陳博駿，2021 年 7 月在嘉義成立「萌寵動物醫院」，也是雲林嘉義地區第一間金級「貓友善醫院」。

---

## 讓貓咪能舒適看診的金級「貓友善醫院」

目前全台的動物醫院中，只有十幾家動物醫院通過「國際貓科醫學會」（International Society of Feline Medicine, 簡稱 ISFM）認證，成為「貓友善醫院」，「萌寵動物醫院」即是其一。院長陳博駿表示，大部分的醫院會將貓狗的住院室和候診室混合，這種做法會讓生病的貓咪，因為同區域有狗狗的關係，感到警戒而無法放鬆。

在「貓友善醫院」考核的多項標準中，其中最重要的就是，提供貓咪專屬候診室或單獨等候區，防止貓狗之間的視覺接觸，再者就是需要提供貓咪獨立住院病房、住院設備等等。「貓友善醫院」共分為金、銀、銅三個等級，能獲得金牌的動物醫院數量不超過十家。「萌寵動物醫院」被列為「金級貓友善醫院」，成為許多貓飼主尋找動物醫院的首選，也有不少人遠從其他縣市，慕名前來看診。

院長博駿說：「在犬貓混雜的環境中，生病或需休養的貓咪會因緊張失去食慾，影響復原的速度，我們觀察到將貓狗分開照顧、住院，在照料住院動物的日常中，貓咪通常能復原得更快，也更有活力。而且在貓咪病房，我們還會使用能改善貓咪情緒壓力問題的貓咪費洛蒙，讓貓咪在住院期間，也能有舒適的安心感。」

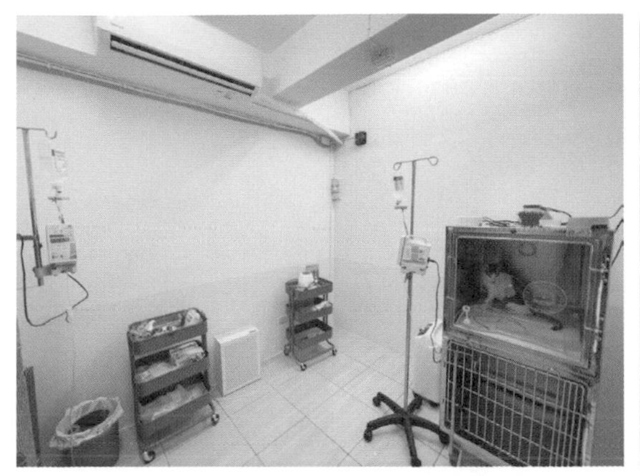

圖：為了減輕貓咪住院時的壓力，院內特別規劃獨立病房

圖：寬敞、明亮的動物醫院，具有完善的看診動線

## 動物醫療專精的分科，服務更細緻

過去動物醫院大多屬於全科性質，會由主治獸醫師治療所有的疾病，同時會遇到各種疑難雜症但不一定專精。隨著台灣動物的醫療品質與日俱增，動物醫療也越來越趨向專精的分科與細緻的服務。在嘉義，「萌寵動物醫院」即是少數致力於犬貓口腔治療的醫院，不少動物醫院也會將需要口腔治療的動物轉診過來。

動物醫院投資成本相當高昂，從租金、裝潢到醫療儀器，初期就需要花費幾百萬，甚至上千萬，即使營運順利往往也需3到5年才會回本。儘管創立動物醫院具有虧損的風險，但博駿仍決定一試，他說，當初想要創業的原因即是，如果受僱於其他的動物醫院，需要引進新的設備和儀器，院方也未必願意投資，獸醫師若想嘗試新的手術技巧，也未必獲得許可，他有感於牙齒對於寵物的重要性，因此希望能專注於口腔治療，為獸醫口腔牙科治療帶來新突破，讓毛孩有更健康的口腔及更優良的生活品質。

在南部，專精於動物口腔、牙齒問題的醫院數量相當少，這讓萌寵動物醫院具有明顯市場區隔。院長博駿表示：「萌寵引進德國原廠 Dürr Dental 牙科數位 x 光機及讀片機，是目前市面上最高解析度的影像設備，能清楚判斷犬貓的牙根處是否健康，進而做出精準的醫療判斷，即使遇到局部斷牙但牙根尚健全的犬貓，也可以透過根管治療或是戴牙套的方式，保留原本的牙齒；而不需要拔牙，犬貓會有更好的飲食與生活品質，不少飼主也觀察到寵物治療後，食慾和進食的狀況都變得更好了。」

院長博駿觀察到，現在動物醫院相互轉診的機率比以往更多，新生代的獸醫師會更專注於自己擅長的領域，若是遇到自己不擅長的疾病，也會推薦飼主尋找其他間動物醫院，這讓毛孩們能獲得較完善且專業的醫療照顧。相反的，若是獸醫師勉強接下自己不擅長的案例，很有可能會因為治療狀況不佳或延誤治療而產生醫療糾紛，因此，分科及轉診制度不僅有利於動物，也讓動物醫院可以維持正常營運。

## 信任與同理心是顧客關係經營的關鍵

院長博駿不只是獸醫師，自己也是毛小孩的爸爸，他相當能理解飼主面對寵物生病時，著急、徬徨的心情，因此為了讓飼主能了解寵物在醫院的狀況，博駿會將自己 Line 的通訊方式，留給飼主，隨時回覆飼主的詢問。毛小孩住院時，他也會將毛小孩的照片或影片傳給飼主看，讓飼主更放心。他說：「有時候用單純電話的方式比較沒有說服力，直接傳圖片或影音，能讓家屬知道自己毛小孩狀況，他們會比較放心，維持良好的溝通，建立更信任的醫病關係。」

有不少顧客認為，院長博駿是少數願意將即時通訊方式留給飼主的獸醫師，而對醫院的服務品質表示相當讚賞。他說:「一直以來，我都期待飼主能給我診療上的回饋，我將 Line 留給家屬，不僅能讓住院或看診的毛小孩家屬安心，當毛小孩出院後，家屬也能即時將毛小孩的狀況告訴我，或用影片呈現，若有任何狀況也能儘早發現及治療。毛小孩就像是我們親密的家人一樣，緊密不分。」

圖：萌寵動物醫院隨時與飼主聯繫，告知毛小孩的狀況

院長博駿認為擔任獸醫師除了擁有專業的醫術，更重要的是，要與動物和家屬建立彼此信任的醫病關係，當寵物生病時，若能有一位了解自己寵物病史的醫生，則能省去許多花費和額外的檢查時間，在疾病的治療上就能事半功倍，盡快為寵物找到最好的治療方向。

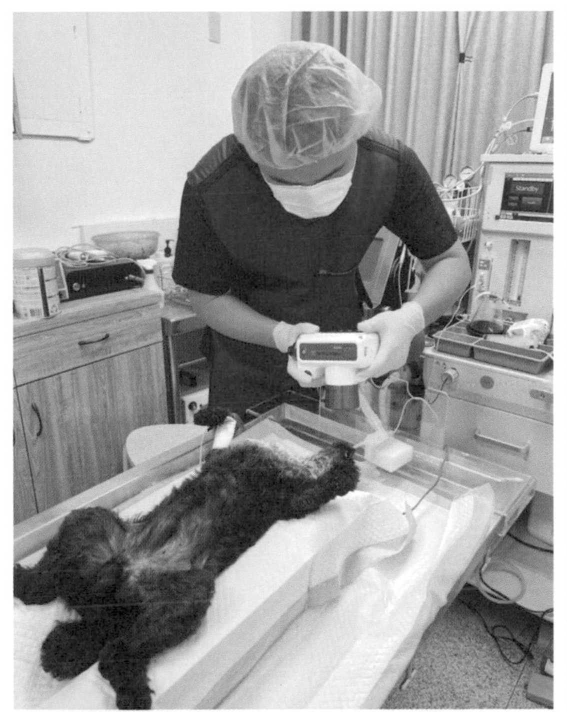

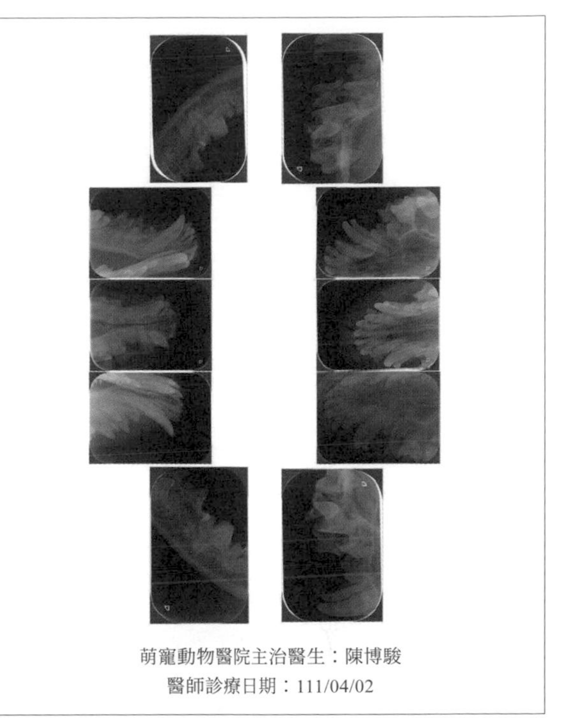

萌寵動物醫院主治醫生：陳博駿
醫師診療日期：111/04/02

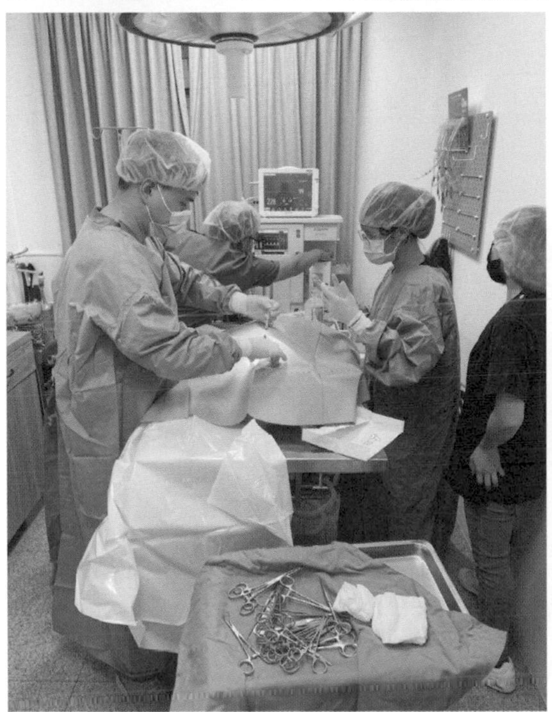

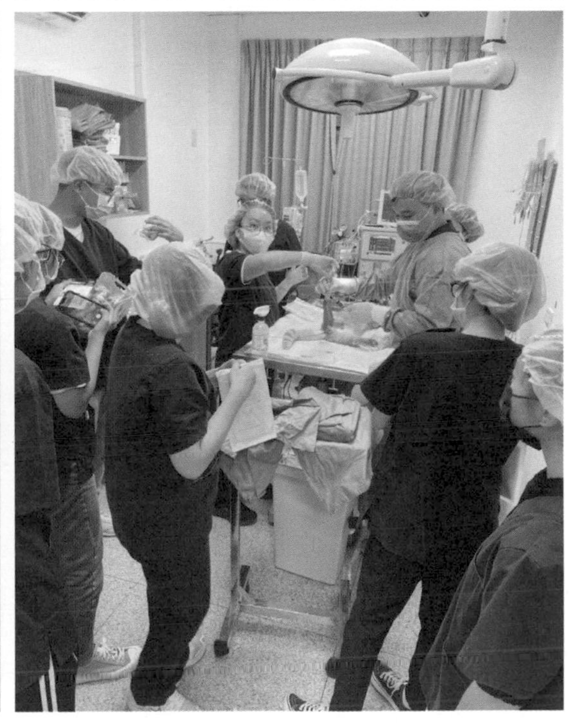

上排圖：獸醫師正在幫寵物拍攝牙科 X 光，動物牙科 X 光檢查是診斷牙科疾病的必要設備
下排圖：「萌寵動物醫院」醫療團隊細心地為毛小孩治療

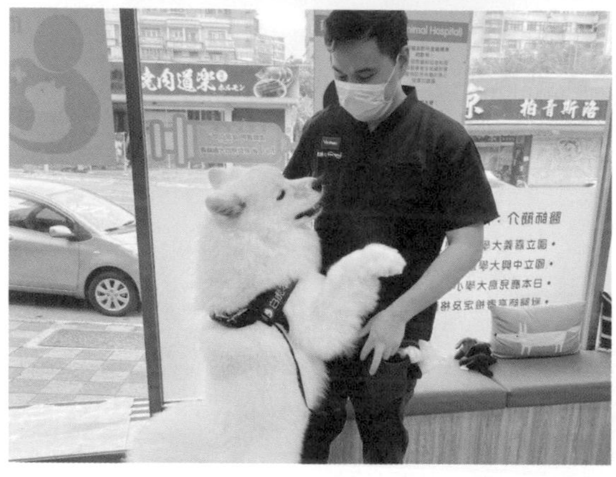

圖：萌寵動物醫院的獸醫師與助理總是細心觀察小動物的需求

圖：剛剖腹產接生的吉娃娃寶寶，獸醫師在繃帶上標記出生順序，貼心的舉動讓飼主大加讚賞

## 無法商品化的動物醫療

由於動物沒有全民健康保險，且動物診療費用的高低，取決於醫療成本與品質，這讓動物醫療花費無法與人類相提並論。院長博駿認為，治療動物的醫療行為並不能商品化，每一隻動物，從品種、體重、身體狀況都存在個體差異，獸醫師必須根據動物的實際狀況制定最佳的診療方案，才能決定治療費用。

有時客人會透過電話或網路詢問費用，像是「貓咪結紮多少錢？某某手術多少錢？」之類的問題，醫院同仁會煩請飼主親自帶寵物就診，經由獸醫師實際評估寵物身體狀況後，確認沒有潛在疾病、身體健康的情況下，再說明手術的方式及費用。院長博駿表示，這樣的作法能讓獸醫師清楚知道寵物的狀況，也才能判斷究竟這隻動物身體狀況適不適合結紮或手術，抑或是有飼主未察覺到的疾病需要先行治療，而給出最適合該動物的醫療建議。「良好的溝通是動物獲得完善治療的關鍵之一，透過溝通能讓飼主了解到動物能獲得什麼樣的治療，另一方面也可更清楚知道飼主的感受跟想法，而避免醫療上的糾紛。」院長表示。

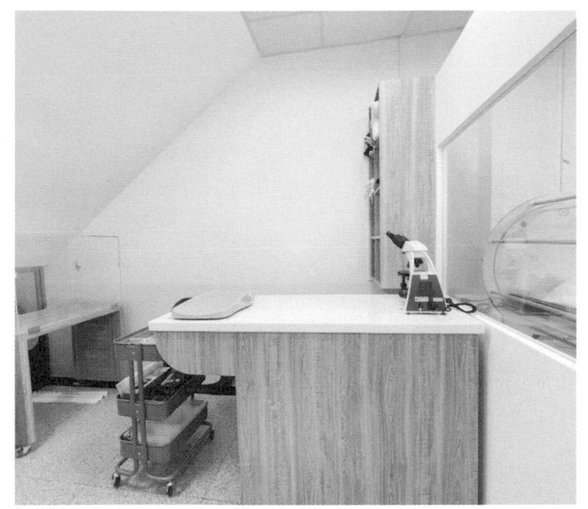

圖：整潔的看診空間讓寵物及飼主備感安心

## 學習治療動物之前，也需學習溝通和心理學

不少國外研究都不約而同指出，獸醫從業人員職業倦怠、自殺和憂鬱症的風險比一般工作更高。院長博駿也相當認同，獸醫師因為需要負擔治療動物的壓力，加上面對家屬的情緒，比起其他職業而言，獸醫師可說是肩負著巨大的壓力，而比其他職業更容易產生憂鬱或倦怠感。

許多獸醫師因為醫療糾紛，有時會感到灰心、挫折，他建議有心想從事動物醫療或是在學的獸醫系學生，除了精進自身醫療技術之外，能多多閱讀溝通及心理學書籍，強化與病患家屬的溝通能力。「臨床上發現很多醫療問題不是來自動物的疾病，而是獸醫師的醫療結果和家屬的期待產生落差，因而產生所謂的醫療糾紛。」

日前，萌寵動物醫院曾為一隻患有骨肉瘤的高山犬看診，這隻狗狗來到醫院就醫時走路跛行，儘管外觀看不出來患有腫瘤，但是做了 x 光檢查後，發現該患犬的前肢已經有骨溶解及骨膜反應，表示骨頭已有受到侵犯的現象，高度懷疑為骨肉瘤。當時，院長博駿認為最恰當的處理方式應是採樣確認是否為腫瘤，如果結果顯示為癌症，最佳的治療建議為手術截肢，避免腫瘤擴散。但高山犬的家屬覺得自己的狗狗還算年輕，外觀也看不出來有這麼嚴重，因此對於這個診斷感到相當抗拒。

類似這種情形，就是當時的溝通未達成共識，仍有落差，家屬仍處於心理學上悲傷五個階段的第一個階段：「否認」。因此當時建議家屬先至其他醫院詢問更多意見，再做後續的決定。院長博駿說：「一開始狗狗的家屬不相信這個診斷，但如果聽到五家醫院，都做出相同的判斷，或許內心才能逐漸接受，所以我們不需要急於讓家屬接受診斷的結果。」在動物治療的領域中，除了照顧生病或受傷的動物外，也相當考驗獸醫師，是否有耐心和同理心和飼主溝通，並陪伴飼主一起面對動物病程的變化。

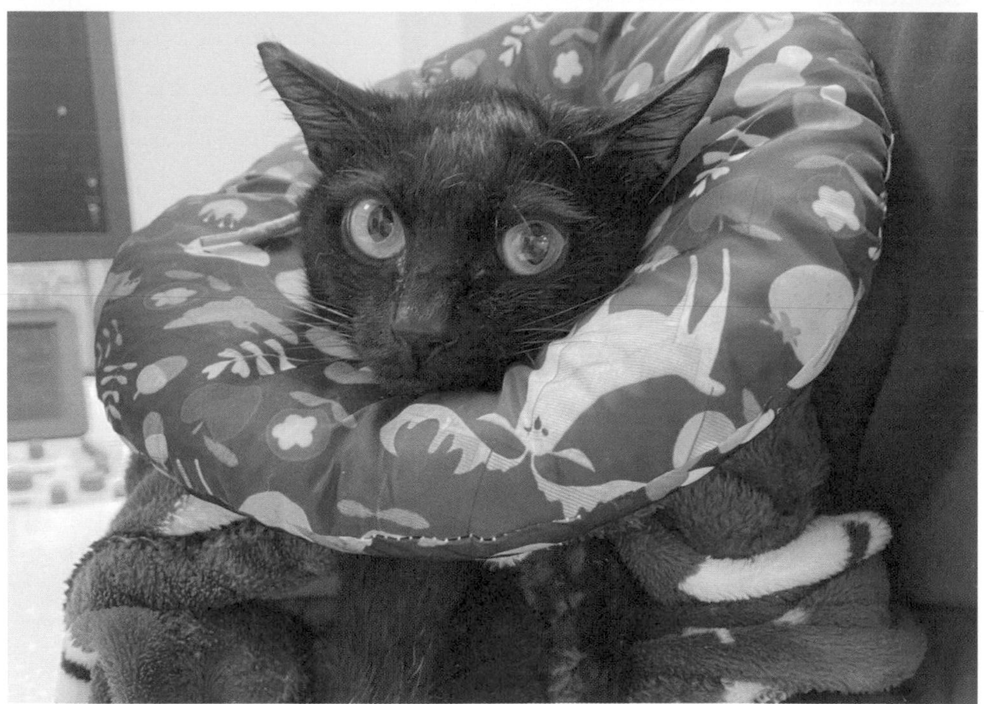

圖：流浪小黑貓曾被橡皮筋勒住脖子長達半年，經治療兩個月後被台北的飼主領養成為幸福的家貓

## 關注流浪動物，幫助牠們順利回家

除了幫助有家的動物們，萌寵動物醫院也花了不少心思協助流浪動物，假如有民眾撿到流浪動物就診，醫院同仁在診療同時也為牠們進行除蚤和驅蟲，時間允許加上動物配合的話，也會幫流浪動物們洗澡。在幫助流浪動物們恢復健康後，醫院會運用自己的網路影響力，協助在社群媒體分享犬貓的送養文，希望能讓可愛的狗狗貓貓能有更多機會，遇見深愛牠們的主人。院長博駿說：「在動物醫院治療過的流浪動物，認養機率會更高，許多貓貓可能一兩週內就能找到合適的主人，這對流浪犬貓來說是件好事。」

因為現代人在照顧寵物上更加用心，也願意投入更多資源與精力保養寵物的健康，許多犬貓比過往更長壽，如何幫助高齡的狗狗貓貓，擁有更好的生活品質，是萌寵動物醫院一向秉持的服務目標。院長博駿期待未來醫院能提供更優質的牙科服務，並為更多有腫瘤問題的高齡動物提供醫療方案，讓動物能身心愉悅地繼續陪伴牠們鍾愛的家人。

圖：康復的狗狗恢復原有的活力

### 品牌核心價值

提供專業的醫療品質，讓飼主能放心地將寵物寄託給醫院，也讓寵物在生理上獲得最好的照護及治癒。「不斷創新，追求卓越」是萌寵動物醫院的最高信念。

### 經營者語錄

時時警惕自身，保持醫療熱忱，對待毛孩盡心盡力，問心無愧。

### 給讀者的話

毛小孩不會說話，只能從生活中的相處觀察、了解毛孩是否異常。透過每年的健康檢查了解身體是否健康，畢竟預防勝於治療。

### 萌寵動物醫院

店家地址：嘉義市東區大雅路二段 434 號

聯絡電話：05-276-0177

Facebook：萌寵動物醫院

Instagram：@ mascot_0718

產品服務：小動物內外科、小動物腫瘤科、重症加護、高壓氧治療、小動物雷射治療、關節 PRF 再生醫學治療

# 市場光壽司

圖：開放式廚房內外舖的裝置一目了然，來訪的客人可以看到新鮮的食材以及乾淨的環境，一切操作過程都是透明的，讓人感到親切又安心

## 為凋零的市場帶來萬丈光芒

市場光壽司創辦人張家斌與妻子侯絲涵，承襲日式家學淵源的堅持、日本料理烹飪與管理的經驗，將斗六開設六年「福道田」的美味，複製到荒廢凋零的中央市場，並復刻日本築地市場的復古氛圍，立志要成為市場中燃起的一道光，帶動四周繁華。

## 緣起西螺，點亮市場中的一道光

在開業之前，他們已經擁有在斗六開日式料理店六年的經驗，去年萌生開第二間店的念頭，會選擇開在西螺的中央市場，是源自對於當地那份難以忘懷的記憶。小時候，阿公常帶著絲涵去西螺採買食材，也常探訪住在當地的親朋好友，因此即使長大成人，還是習慣每周來這裡採買，絲涵認為：「西螺有很精緻的食材，像是蔬果、米、醬油，甚至是花卉，而且所有的東西都很新鮮，我非常喜歡這裡，」對她來說，西螺是她的第二個家，恰巧有一天朋友告知她，中央市場目前好像有設攤位，於是她前往中央市場查看，看到這一大片場地形同荒廢，沒有半個店家，她驚呼：「真的不誇張，很多人在這裡曬衣服、停車、遛狗等等，可是已經沒有半點商業活動的蹤跡了，以前中央市場可是一位難求，是大宗批發、民生物資重鎮。」與記憶中的熱鬧喧囂完全不同，看著市場如此凋零，她感到很心疼，因此當她看著上頭寫著招租的陽春布條，心裡想著：「一定要為這裡做些什麼！」在這期間她不停禱告，希望能為這個市場，注入一道新生的光。

後來她下定決心打了招租電話，接起電話的公所人員也很開心，因為他們都光顧過福道田，沒有想到這家在雲林頗富盛名的壽司品牌竟然會願意來這裡開店，很快的，一切就緒，加上他們原本就擅長規劃，於是今年三月底市場光壽司正式開業。

圖：市場光壽司的店鋪外觀取經自日本築地市場

## 取經日本築地，為荒蕪的市場帶來無限生機

前一間店「福道田」是老屋改造，市場光壽司也打算延襲日式古樸的氛圍，由於他們一直很喜愛日本築地市場，開放式廚房內外舖的裝置都一目了然，來訪的客人可以看到新鮮的食材以及乾淨的環境，一切操作的過程都是透明的，讓人感到親切又安心，因此店面的外觀上，復刻了築地市場，門面是木頭質感的建構，一共租了四排的攤位。由於環境乾淨有特色，一開幕就門庭若市，有許多附近的住戶攜老扶幼前來光臨，在這個偌大的市場中，一開始只有他們一家攤位，後來漸漸帶動旁邊的攤位，很多年輕人也紛紛來洽談招租，開始對中央市場產生興趣。

不過這樣的空間的設計上，也有碰到棘手的問題，像是一開始想做成半開放空間，讓客人都可以看到裡面，但設計上的理想與實際面有點落差，因為這樣的開放空間，一但收店，可能會有很多「小動物」跑進去。經過討論後，還是想要保留築地市場的理想風格，更不想裝鐵門破壞原本日式質樸感的店面，經過反覆思量後，改成上下推開的窗戶，一收店往下推，就變成密閉空間，這樣就革除了有任何東西跑進去的可能，充滿了靈活的巧思。

剛開店的時候是冬天，地點又是在路口，因為怕客戶會冷於是又著手進行改造，回想起以前去墨爾本吃飯的景象，絲涵提到：「國外的海邊也很冷，但是當地的餐酒館都會放暖爐，所以就能在溫暖的氛圍下吃美食。」現在天氣漸漸變熱了，他們則開始添購水冷扇與掛扇，讓客人即使在半開放的空間用餐，也能兼顧舒適性。

## 堅持正港的新鮮，讓當地居民一飽口福

即使已經是經驗老道的日料店，剛展店時，也碰到諸多困難，最不容易的當屬取得漁獲的難處，西螺是農業重鎮，但是海鮮類的生鮮取貨卻很不容易，這裡大部分都是採用冷凍魚貨，當時他們問了很多間廠商，都沒有送到西螺；而店面要使用的原料又想要堅持新鮮的品質，讓客人可以體驗像吃到現撈海鮮的感覺，不願意用冷凍魚貨，於是只好拜託之前有合作基礎的廠商，絲涵笑著形容：「當時真的是用求的、用盧的，跟他們說去嘉義會經過交流道，就順便溜下來西螺幫我們送好嗎？不停拜託他們，終於感動兩間廠商願意幫我們送貨。」幸好做沒多久，生意逐漸變好，叫貨量也很穩定，很多客戶都驚艷在光壽司可以吃到各種新鮮魚類，「一般來說，客人的印象是認為只能吃到鮭魚、鮪魚、旗魚，我們這邊還吃得到紅魽、青魽，鯛魚，鰹魚等等……」以往這些魚類都是要到熱鬧的都市，找限定的店面去吃，如今在地的客人在市場裡的光壽司就能大飽口福，因此大家都好康道相報，找親朋好友一起來吃，頓時店裡變得非常熱絡。

## 靈魂的壽司醬料

市場光壽司沒有賣壽司捲、海苔捲或是裡面包東西的壽司，而是主打握壽司，以及生魚片丼飯、海鮮丼。一開始就將市場區隔性設定完整，還將福道田人氣很高的招牌也帶來這裡賣，像是入口即化的比目魚丼，「我們只用比目魚的鰭邊肉來做，炙燒後油脂會有豐富的層次，包覆整個醋飯，滋味酸酸甜甜還帶有魚的香氣。」提到第二個招牌唐揚雞丼，絲涵則直言，當初真的沒想過會那麼熱銷！「我們是用新鮮雞肉做的，再用自己的獨家醬料去醃製，吃起來有點像甜鹹的照燒醬。我們店裡的東西都是自己做的，包括醬包，我覺得醬料是整個料理的靈魂。」店內的調味功夫了得，都是他們花了許多時間去研發出來的，連芥末都是新鮮研磨，因此準備時間很長，空班時間幾乎都在備料，週二到週五的營業時間是 16:30 至 22:00，週六或是連續假日的營業時間就比較長，加開了早上 11:30 至 14:00 的時段，目前，市場光壽司是中央市場中的唯二攤販。

圖：市場光壽司位於西螺中央市場

圖：店內所有的餐點都只用新鮮魚貨

圖：張家斌堅持做事態度一絲不苟，目前他已經擁有十年以上的日本料理經驗

圖：除了生魚片，市場光壽司的丼飯也很受歡迎，醬汁口味獨特

## 日式教育與日式料理的雙重薰陶，成功的經驗法則是紮實的堅持

張家斌的成長背景受到日式教育的薰陶，從父輩就開始從事餐飲業，堅持做事態度一絲不苟，目前他已經擁有十年以上的日本料理經驗，當初在紮實的基礎下，才籌備開店，而他從學徒時期，就已經慢慢觀察、構思出屬於自己的一套企劃流程，想著以後的店需要什麼元素、這個市場的行情如何等等。

他以前工作的店坐落於台中七期精華區，在當幹部時，學習管理的經驗法則對他來說相當重要，參與了展店從零到有的過程，後來他也參透：「開一間店不僅只是要會料理而已，而是要涉獵多方面的知識，像是以前學水電、拍照，覺得沒有發揮作用，而開了店卻發現都能派得上用場，例如拍照需要了解基礎的平面，才能延伸並掌握到社群媒體與平面的設計。」

市場光壽司在開店之前就已經一切就緒，除了複製了之前開店的成功經驗，也從中調配適合西螺的特色餐飲模式，由於這一行的複製性並不高，加上目前也開業不到三個月，已經有很好的成績，菜單也在短時間內修正完成，因此他們目前只想做穩做紮實，尚未想到後續的加盟或擴展。在開店的同時，他們也發現人員配置至關重要，展店相當不易，要多培養幾個核心幹部，才能心無旁騖地進行展店。

他們直言當初在斗六開壽司店的時候，也看過許多不熟悉行業的老闆下來創業，馬上就陷入任人宰割的情況，過於依賴員工，又沒有辦法判斷正確性，即使員工胡來也無可奈何，因此再次建議：要開店的人一定要做好完善的準備，抓住主導權。

圖：市場光壽司提供新鮮美味的日式料理

圖：很多客戶都驚艷在市場光壽司可以吃到各種新鮮魚類

## 品牌核心價值

從小跟著阿公到西螺採購，對於西螺有一份特殊情感，因此想要振興樸實的西螺市場，重拾以往榮景，成為中央市場燃起的一道光，帶動四周的一景一物，即使西螺不是大都市，我們還是會在這裡堅持提供水準之上的日式料理，歡迎來到市場光壽司！

## 給讀者的話

成功的方法有很多種，但是努力不懈學習新的知識，卻是一個非常必要的條件。如果有想完成的夢想，一定要及早規劃、設定好目標，以及了解市場方向再投入，也要有自己的想法，這樣才不會被牽著鼻子走或是在交涉的過程中被欺騙。

## 經營者語錄

一個人的一生，想要做好一件事情，也許不是那麼容易，但是提供新鮮好吃、用心的料理，卻會是我們一生的堅持。

### 市場光壽司

店家地址：雲林縣西螺鎮福興路 185 巷 47 號 A31 至 34 中央市場內攤位

聯絡電話：05-588-1522

Facebook：市場光壽司

Instagram：@lightupxiluo

# 元展理財專業顧問公司

圖：元展理財專業顧問公司招牌

## 以數位科技助攻金融服務

在現今台灣社會中，借貸商品種類繁多，如信用貸款、汽機車貸款、不動產貸款、土地貸款、信用卡、現金卡等等，五花八門的金融商品讓有資金需求的人昏頭轉向，因此，專業「理財顧問」需求也在市場中應運而生。理財顧問能協助分析貸款人資格、信用狀況、資產有無等，協助顧客找出適合的融資管道，並能幫助貸款人取得最佳的貸款方案，同時協助有負債問題的顧客，有效地清理債務。理財、貸款專家「元展理財專業顧問公司」，多年來，幫助許多顧客取得資金、擺脫債務問題，近年更積極導入創新科技，提供顧客更簡易且方便的金融服務。

## 創業初期即獲得廣大顧客信賴

根據經濟部中小企業處創業諮詢服務中心統計，一般民眾創業，一年內就倒閉的機率高達 9 成，而存活下來的 10% 中，又有 90% 會在五年內倒閉。也就是說，能撐過前 5 年的創業家，只有 1%，前 5 年陣亡率高達 99%。「元展理財專業顧問公司」從 2008 年創立至今，走過 14 個年頭，近幾年也積極轉型，究竟他們是如何在競爭的環境中，取得顧客的信賴，並穩健地成長呢？

「創業初期我們只有 4 個人，在一個不到 8 坪的辦公室開始工作，每天每個人都工作 16 個小時以上，每人一天需要服務 30 位以上的顧客，這段時間為我們累積相當多的經驗。」元展理財共同創辦人 Wil 說道。儘管創業初期公司所有員工的手機通話費都高達 2 萬多元，但 Wil 認為，唯有全心全意，想辦法解決顧客的問題並戒慎恐懼地檢視每個環節，才能在創業初期積累各種服務經驗，作為未來提升服務品質的養分。

創業中期，Wil 和共同創辦人發現不能像初期，由一人包辦所有的顧客服務，必須以團隊分工的模式，建構各部門目標，並設定 KPI，將組織分工劃分清楚，每個人各司其職完成各個服務環節，才能讓組織邁向更健全的發展，達到 1+1>2 的結果。Wil 說：「面對大環境的劇變，創業者必須要走的更前面，找出客戶的需求或痛點，並且更新原有服務、媒合相關資源，才能讓顧客尚未提出需求時，就先為他們設想好各種不同的解決方案。」

圖：元展理財專業顧問公司環境明亮整潔

即使元展理財是正派經營的公司，但他們卻時常遇到顧客質疑是詐騙集團，因此如何獲得顧客信任，並願意推薦給周遭的親朋好友，時時刻刻考驗著他們。Wil 說：「用心、熱情這兩項特質會讓顧客相信，我們是真誠地幫助顧客，提供金融諮詢建議的專業貸款公司。」由於元展理財專業顧問公司能持續掌握金融服務趨勢，並能迅速解決顧客問題，這讓他們在瞬息萬變的世代中，成為顧客理財、貸款的首選。

圖：有理財、借貸需求的顧客除了透過網路了解，也能到辦公室諮詢理財顧問

圖：Wil 與其他創辦人一起集思廣益尋找問題的解方

## 規劃問題解決流程，不停嘗試找出最佳解方

說創業是件九死一生的事，一點也不為過；想創業成功，在過程中肯定會遇到各式各樣的困難，即便在自己最熟悉和擅長的領域也不例外。在創業過程中，Wil 也遇到各種挑戰，從客服人員的培訓、系統技術的創新，到維持營運所需的基本開銷，曾經也讓他傷透腦筋，但後來 Wil 與其他創辦人規劃出一套解決流程，慢慢地也讓公司營運上軌道。

解決問題的第一步是最重要且最迫切的關鍵，透過創辦人各自的專業，集思廣益造成問題背後的原因是什麼，並結合客戶的回饋，挖掘出問題的解方，再著手解決問題。其次，Wil 相信唯有透過不停嘗試，不斷地試錯，才能藉由不同的經驗，找到最具成效的結果。「任何問題不會只存在一種解決方案，你必須勇敢地嘗試，才能從中找到最能協助顧客的方法。」Wil 表示。

Wil 認為創業中解決一個難題後，仍須戰戰兢兢面對下個問題的挑戰，絕不能鬆懈、讓整個公司留在舒適圈中。Wil 表示，在看似一帆風順的時候，他們反而會鼓勵員工突破舒適圈，再找出更多能優化、精益求精的環節，秉持精雕細琢的精神，讓業務有更多成長的可能性。

圖：明亮整潔的空間，呼應著元展理財的專業態度

圖：元展理財積極發展金融科技，順應全球金融生態的潮流

圖：元展理財將複雜的金融服務，
導入大數據分析

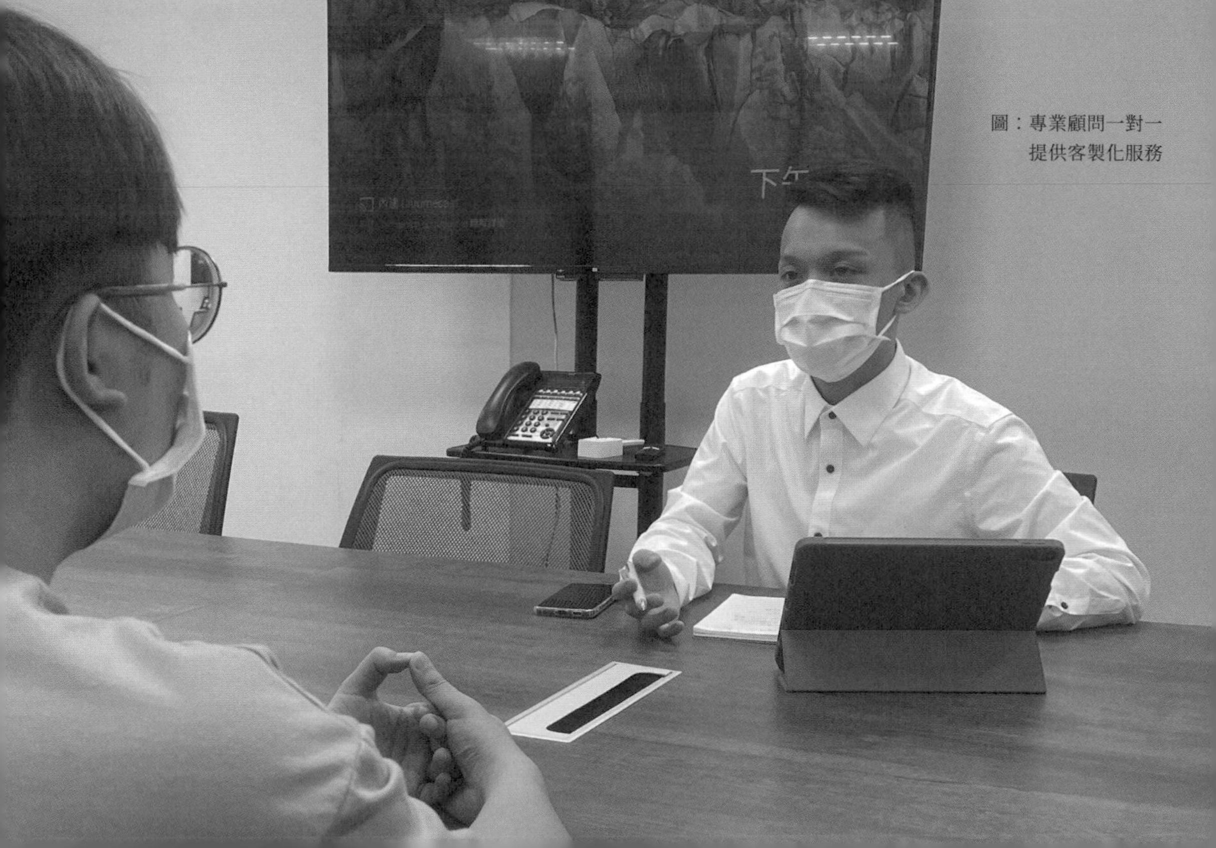

圖：專業顧問一對一
提供客製化服務

## 積極投入金融科技，服務更升級

隨著科技的發達及生活步調加快，人們比過往更關注網際網路與個人資訊安全，也期待各類型的服務，應該比過往更快速且準確，這讓傳統的金融服務，不斷尋求創新的數位科技，以期能在產業轉型浪潮中維持競爭力，元展理財也在過去幾年積極發展金融科技，順應全球金融生態的潮流。Wil 表示：「金融是人們最基本的生活需求，由於『金融』這項需求，需要考量的因素較為複雜，因此我們希望能透過數位科技將金融服務加以簡化，讓顧客以更省時省力的方式，獲得需要的協助。」

因為每個人借款條件、需求都不盡相同，元展理財除了有金融體系訓練培養的專業顧問為顧客評估財務、債務狀況外，他們也將複雜的金融服務，導入大數據分析，顧客能在短時間內獲得專屬自己的財務規劃方案，且由於有數位科技的助攻，配置精準度大大提高了七成。「過去因為沒有數位科技的協助，只能依據理財規劃師的經驗與知識，我們發現導入數位工具後，能減少人工誤判的可能性，更精準地解決顧客的問題，也讓顧客滿意度大大地提升。」Wil 說明。

此外，在後疫情時代，普羅大眾對數位化需求有增無減，因此元展理財也投注不少心思優化資訊安全，任何在元展線上申辦金融或是貸款的網站系統中，皆採用 A+ 等級 SSL Server 的網站安全憑證，確保顧客個資有完善的保障。

Wil 說：「這些年，我們致力研究創新科技，把單一的金融服務，整合數據分析、線上系統、智能規劃、網路資訊安全等各項技術，希望從『數位治理、數位轉型、數位支付、數位生活』四大層面，讓金融服務變得更簡單，使用者介面也更友善。」

## 共享理財知識，協助顧客突破財務困境

每個人或多或少都曾有急需一筆資金、需要借錢周轉的時候，但許多人都對「借錢」這個話題避之唯恐不及，畢竟「談錢傷感情」，不管是無法開口或是面對親友的壓力，都讓急需資金的人感到特別無助，甚至急得像無頭蒼蠅。Wil 深知其感，因此希望能提供優質管道，協助更多不知道如何借貸的人。

因此，為了幫助更多借貸人，元展理財在網路上提供 500 多篇淺顯易懂且富含有用資訊的文章，並製作 50 多部影片，希望幫助更多人了解金融相關的知識與工具，也藉此增長顧客信心，相信「天無絕人之路，有元來相挺」，只要透過專業理財建議，必定能突破現階段短期的財務困境，為公司或個人打造良好的財務體質。

元展理財的服務和產品相當透明，每位來尋求財務建議的顧客，理財顧問都會以對待自己的家人、朋友般，給予他們最適合的建議，因此這些年他們在網路上獲得許多正面的鼓勵與評價。「曾經我也面臨過，因為不懂理財理債的觀念，而在財務上面臨不少問題，也走了很多冤枉路，這讓我發現從小到大沒有人會特別教你如何理財理債，因此我們希望將這些知識分享出去，幫助更多需要的人。」Wil 說。

圖：元展理財預計未來會到中南部設立據點

圖：元展理財辦公室一隅

## 做公益，實踐企業社會責任

這些年，元展理財除了投注資源協助顧客、升級軟硬體設備，公司也會定期做公益活動，幫助社會上需要協助的弱勢族群，例如：喜憨兒、流浪動物等等。

Wil 相信「取之於社會，用之於社會」是每個企業的必要責任，以公益的方式幫助更多人，不僅能讓員工體會到人與人之間的溫暖，也會讓員工更具同理心服務顧客，創造出正向的循環。

未來，元展理財仍會持續創新不同的程式技術，改善顧客服務流程，並且尋找志同道合的夥伴，為公司帶來不同的創新火花，甚至也有機會在中南部設立更多據點，幫助有理財貸款需求的顧客。

### 品牌核心價值

「元戎起行、展誠於心」各取第一個字就是元展的由來，元展致力於將複雜的理財與理債線上化及簡單化，協助更多人解決財務上的問題，以專業理財知識和用心的態度，服務每個客戶。

### 經營者語錄

一個人走得快，一群人卻能走得遠。公司是由每個人共同努力打造而成的，唯有團隊合作、個人發揮所長，以真誠的心服務顧客，才能獲得更多正面回饋，也才能成為公司成長的下一股動能。

### 給讀者的話

創業者應具備解決問題的能力，並享受孤獨。成功帶來的結果將會成為創業者邁向下一步的動力，也讓創業者在這條路上能持之以恆地前進。

### 元展理財（一展數位金融有限公司）

公司地址：桃園市中壢區健行路 169 號 6 樓
聯絡電話：0800-699-580
產品服務：免費諮詢評估各式貸款規劃、理債規劃、債務健檢、整合負債等金融理債貸款服務

Line：@a588( 元展理財 )
Facebook：元展理財顧問｜我們挺您到底
Instagram：@loan588.com.tw
Youtube：元展理財 YJ

# My Beauty My Lady

圖：「My Beauty My Lady」夢幻造型團隊

## 對美不懈追求，才能活出精彩的自己

美國女星瑪麗蓮·夢露曾說：「每個女人都有自己美麗的方式。」，2021 年 10 月份在嘉義開幕的造型沙龍「My Beauty My Lady」創辦人 Christine Fang（方怡婷）也相當認同這句話，她相信任何身形、年紀、外形的女性，皆擁有美麗的潛力，而形象管理的意義，不僅是讓外貌變得更美更精緻，甚至還能讓自己活出強大的氣場，進而達成人生中的所想、所願。

---

## 整合各項美業服務

從事美容造型產業（簡稱美業）多年的 Christine，觀察到現今美業將各項專業劃分地相當清楚，美甲、美睫、紋繡、采耳、美髮等從業人員，往往只專注自己擅長的領域。顧客缺少一位能以全面視角，量身打造整體形象的造型顧問，協助他們給予專業的形象建議。

因此她決定創立一間能運用自己多年彩妝造型師經驗，且能提供美甲、美睫和紋繡服務的造型沙龍，希望能整合各項美業服務，將隱藏在顧客身上的美麗之處挖掘出來，給予顧客最「怦然心動」的外型建議。

## 創業初期，打造具熱忱的夢幻團隊

創業初期，Christine 努力網羅優秀人才加入造型團隊，她不僅看重應徵者的專業與美感，更重要的是，她認為一個優秀的美業人員，最不可欠缺的是對工作的熱情。她說，這是個瞬息萬變的產業，每一刻都有不同的流行元素或是技術出現，如果沒有熱情，像隻打不死的蟑螂，努力精進自己的專業和對美的敏銳度，很快就會被這個產業淘汰，「你必須知道，有時候客人懂的東西，蒐集到的流行資訊可能都比你更新、更多。」

有感於團隊中的老師偶爾會抱怨，沒有時間再精進技術和美感，Christine 總會苦口婆心地告訴她們，時間絕對能硬擠出來，如果對自己的工作有無比的熱情，就會運用瑣碎的時間，甚至熬夜學習不同的東西。「在這個領域的佼佼者，每個人都是苦練過來的，如果從事美業單純只是為了賺錢，這將會讓人原地踏步，再也沒有突破了。」Christine 說。

儘管生活相當忙碌，Christine 仍無時無刻關注最新的流行趨勢，觀看韓劇時，她仔細觀察劇中女星的髮型與妝容，從眉毛、眼妝到睫毛，甚至劇中人物的穿搭，都成了她學習的來源；她也會抽空閱讀國內外時尚雜誌，了解每一季的流行元素與現在熱門的造型話題；她甚至會運用美容相關社團，了解顧客在不同店家的消費體驗，思考如何才能提供比其他店家更好的服務。

Christine 笑說自己熱愛關於「美」的一切事物，總像個海綿般，努力吸收各種資訊。在競爭激烈的美容產業中，Christine 的種種努力都是為了讓「My Beauty My Lady」這個品牌能脫穎而出，抓住顧客各種需求以及瞬息萬變的流行趨勢。

圖：舒適的氛圍讓顧客在接受服務過程中備感療癒

圖：「My Beauty My Lady」
創辦人 Christine

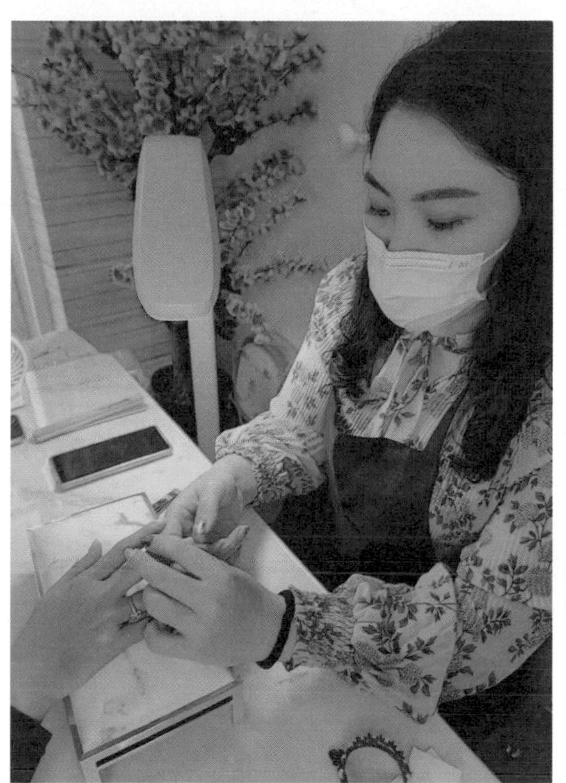

圖：閃閃發光的美甲是現在許多女孩不可或缺的打扮元素之一

## 社群行銷提高品牌力

在現今世代，社群媒體早已取代造型沙龍的實體裝潢，成為吸引顧客上門的第一道門面，從 My Beauty My Lady 的臉書粉絲專頁，能看出 Christine 相當重視社群行銷，她擁有一套自己的獨門心法。相較於許多美容相關店家的臉書，常有照片因為大量套用濾鏡和修圖，看起來相當失真的情況，Christine 建議若想要修圖，應用相機直出的原圖，小範圍細緻地調整，直接套用濾鏡或大範圍修圖，反而會讓消費者覺得照片太過虛假，而對店家有了不好的觀感。

Christine 也建議拍攝人物或美甲照片時，一定要打光，適當的打光能讓人物的眼神更明亮有精神，也能修飾臉型，讓臉型顯得更瘦且立體。她強調，人是視覺動物，在社群媒體上分享的照片，一定要選好角度才拍，而且要稍作修飾，才能讓讀者願意停駐閱讀貼文。文案撰寫的部分，Christine 會以像是與姐妹淘聊天的口吻與讀者互動，不僅聊自家的服務，更在每一則貼文設計具有共鳴的心情與觀點分享，進而拉近與讀者的距離。

Christine 發現很多美業從業人員在拍攝作品的時候，常常相機拿來就直接拍，當初她面試美甲老師時，一度覺得美甲老師提供的作品集照片相當平凡無奇，但看到實體作品後，才發現原來是美甲老師沒有掌握到拍攝技巧，才讓本該看起來具有光澤度的指甲，在照片中完全沒有被呈現出來。

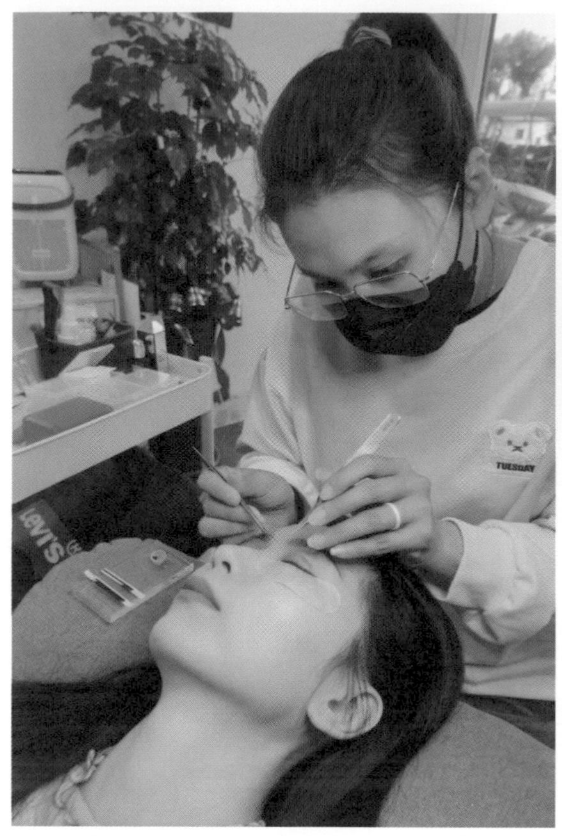


圖：美睫這項技術需要多年經驗的累積

圖：幫助女孩們擁有迷人亮麗的外表是造型團隊的工作動力來源

## 用專業迎戰削價競爭

由於美業彼此競爭激烈，加上部分業者缺乏定價觀念，而讓整體產業走向削價競爭、利潤低廉的窘境；擁有專業技術、使用優質的產品，卻無法得到相對的價值回報，是許多美業從業者的困擾。如何打破削價與剝削的循環噩夢，Christine 表示，在嘉義，有些霧眉和飄眉的價格甚至只要三千元，為了讓 My Beauty My Lady 造型團隊，能齊心努力經營這項事業，並維護市場的平衡，她花了很多心力專注於品牌行銷，希望讓團隊成員沒有後顧之憂，能專注於自身的技術與作品，創作出更多元的風格，以符合不同年齡、領域女性的需求。

Christine 並不擔心削價競爭，她認為服務價值和專業技術才是關鍵，花若盛開，蝴蝶自來，當能提供優質且更勝一籌的服務時，客戶的雙眼也是雪亮的，他們會願意花費更高的價錢，取得更精緻且安全的服務。即使遇到想殺價的顧客，如果能誠懇地向顧客解釋，每一項服務的特色以及差異性，許多人也能理解。

Christine 樂觀地說：「會殺價的客戶也是好客戶，因為這表示他很喜歡你的作品，才會不厭其煩，甚至到半夜還和你議價。」

## 美麗也需要走出舒適圈

關於美，如果詢問一百個人，將會得到一百種不同的詮釋與想像。有時顧客來諮詢美睫或霧眉的需求時，會帶著自己欣賞的明星照片，希望能做出同款的樣子，但是同一款睫毛放在明星身上好看，卻未必真的適合顧客。Christine 表示，從事美業必須要聆聽客戶的需求，了解她們對美的認知，但同時也需要依據自身專業，給予顧客最適合的建議，偶爾更要在網路蒐集失敗案例，提供給顧客參考，讓顧客有更全面的了解。在任何服務施作前，Christine 總會耐心地聆聽顧客的需求，並針對顧客的臉部條件，誠懇地與顧客溝通，為顧客找到「不只是美，更是精緻且時尚」的妝容與造型。

圖：因為相信每個女孩都有變美的潛力，造型團隊會觀察顧客的臉型，給予專業的造型建議

相較於大都市，Christine 觀察到嘉義的女孩在打扮上較為簡樸，有幾次她和一些女孩聊天，建議她們能嘗試做睫毛或紋繡，讓自己看起來更迷人，她發現雖然女孩們都會很害羞地說不需要，但聽到建議時，眼神卻是閃閃發光。

My Beauty My Lady 除了提供讓人變美的服務外，Christine 更希望透過造型團隊的作品，傳遞正面的觀念，讓女孩們知道，在該像花朵般綻放自己風采時，就該盡情地展現，而且打扮並非是「女為悅己者容」，經營好自己的形象，還能為自己的生活帶來想像不到的正面效應。

時而天真無邪像隻可愛的小狗，時而冷豔魅惑像個高傲的小貓，每個女孩其實都擁有千姿百態的面貌，只要敞開心胸，走出十年來如出一轍的妝容舒適圈，將能發現不一樣的自己。Christine 對於「美」有相當多元與開放的想像，她總能幫助顧客發掘出他們從未發現的優點，並將這些優點加以放大。Christine 說：「我們近期做了兩組的造型，利用睫毛和妝容的改變，創作出『無辜軟萌小清新』和『神祕魅惑小妖精』兩款造型，這讓顧客發現，以眼妝來說，你未必只適合固定的樣子，有時，適時地跨出舒適圈，反而能找到一種你從未想像過的美好面貌。」

Christine 引用知名主持人楊瀾的話：「一個人的形象是一張名片。衣著得體、外表端莊是對他人的尊重，也是自我成熟的表現。沒有人有義務必須透過連你自己都毫不在意的邋遢外表，去發現你優秀的內在。」Christine 認為愛美從來不是一件膚淺的事，透過裝扮自己，會讓自己由外而內產生對生活更積極、正向的改變。現階段 My Beauty My Lady 除了提供美甲、美睫和紋繡服務外，Christine 也透露，未來希望幫助更多素人女孩，來場「大改造」，透過妝容髮型與穿衣搭配，鼓勵她們活出更精彩、亮麗的人生。

圖：Christine 相當擅長透過整體的妝容與造型搭配，為顧客創造出多變的造型，優質的服飾獲得新娘的好評

圖：「無辜軟萌小清新」和「 神祕魅惑小妖精」妝容差別

## 品牌核心價值

每個女孩心中都有公主夢，公主代表的是女孩長大後對自己的想像。My Beauty My Lady 盡可能滿足每個女孩的期待，專業的造型團隊讓女孩擁有公主般的待遇，並將女孩打造成時尚且美麗的公主。

## 給讀者的話

每天需要用八小時以上的時間工作，如果不在工作中找出樂趣，那不是太痛苦了嗎？我們應該找出想做的事，盡情地享受它，讓這件事帶給你快樂，甚至為它廢寢忘食，這將會成為人生的意義。

## 經營者語錄

想要人家信服妳的專業，首先妳得在工作中展現信服力。經營自己的形象，透過形象管理約束到日常生活中的言行舉止，進而綻放專業的強大氣場。

**My Beauty My Lady**

店家地址：嘉義市西區博愛路一段 388 之 2 號 1 樓

聯絡電話：0923-256-796

Facebook：My Beauty My Lady

產品服務：美甲、美睫、紋繡、彩妝和整體造型

# 女子麥面包

圖：用心對待麵包，並將這份溫暖傳遞出去，顧客自然會感受到

## 賦予麵團溫暖靈魂的台南在地麵包

「女子麥面包」由王喬纕、司婕希共同創辦，從字面上以諧音來看，是一群志同道合的女子在賣麵包，合寫則成為好麵包，創業五年以來，已擴展六間店面，是台南在地的好麵包。

---

圖：女子麥面包創業初期的手寫攤車招牌

## 女子麥面包的創立緣起

創業初期，女子麥面包以工作室的型態經營，所販售的麵包皆在家中廚房製作，營業時用兩個木攤車將攤位架起來，直接在家門口擺攤，喬纕擔任麵包師傅，婕希負責招呼客人。主顧客是熱情洋溢的台南人，一開始來光顧的都是住在附近的婆婆媽媽們，除了自己要吃，也買給家中的孩子吃。

在顧客的眼中，她們就是兩個認真生活的小女孩，努力、懇切、真實，讓顧客十分安心，也因此打下穩固紮實的事業基礎。之所以能在創業初期，就獲得群眾的青睞，喬纕認為其實是很簡單的原因：「用心對待麵包，並將這份溫暖傳遞出去，顧客自然會感受到。」

草創時期生意就蓬勃發展，喬纕回想那段日子：「從早上起床吃完早餐，就一路忙到晚上，十幾個鐘頭不吃不喝也不上廁所，連一秒鐘的空閒都沒有。」就這樣持續了一段時日，直到某天婕希猝不及防吐出大口鮮血，喬纕則是不時就會暈倒，並深受胃食道逆流之苦，兩人的身體狀況影響了工作室的運營，她們才意識到這樣下去不行，於是決定招募夥伴、打造團隊。以前的她們，想要旅行就公休、時間彈性、自由自在，但當有了同甘共苦的夥伴們，肩上就多了一份責任。

圖：女子麥面包從兩個木攤車草創，目前已擴展至六間門市

## 換位思考的同理心，是培育女性麵包師的溫床

喬纕從小就喜歡麵包，懷抱著長大要開一間麵包店的夢想，不過現實跟想像有很大的落差，剛開始在相關行業求職就碰釘子，在烘焙的世界裡，女生時常被歸類為做美美的、優雅的蛋糕就好；而做麵包這件事，就顯得比較渾厚粗重，因此當時的喬纕被傳統師傅們先入為主的觀念給拒於門外，這讓她更確信日後創業，必定要朝這個方向努力，提供女性一個平等的學習機會，她形容：「在烤箱這個龐然大物面前，女生的身高就有生理條件上的限制，光這個就是一個挑戰。」因此她創業後，僱用許多非本科系且無相關經驗的女性，求職者即使只是一張白紙，只要有心她就願意給機會，抱持開放的心態，希望能成為手心向下、提供成長環境的推手，她明白每個行業或多或少都存在刻板的框架，也期盼女性們在面臨家庭與工作的抉擇下，能取得自己的平衡點，打造一個友善空間、實現夢想的平台。

招募也是一門學問，這些年，店裡面試過上百人，有許多面試者滿腔熱血前來應徵，讓她們深受感動，但也有跨國休學前來，卻只做一個禮拜，就發現夢想與現實有落差而離職的人，她們才發現：「充滿熱情的面試者大有人在，即使到職前已歷經過試做體驗，但到職後熱情還是會隨著日復一日的工作而消磨殆盡。」因此她們重新調整評選機制，熱情只是入行的基本條件，能力與態度才是彼此長期合作的關鍵。

此外喬纕特別去上課，將店裡導入《天賦原動力》性向測驗系統，用意是將對的人放在對的位置上，讓每一位夥伴都能發掘自己的天賦，進而在工作上更有成就感。不過她也坦言：「不只公司會挑人，員工也會挑公司，帶夥伴就像談戀愛，你怎麼對待他們，他們就回饋什麼給你。」喬纕與夥伴們相處十分用心，早年若有夥伴離職，她甚至會痛心入骨，宛如失戀，漸漸地她領悟到：「每段相遇都是一種學習，專注在留下來的夥伴身上，才能繼續帶領團隊前進。」

圖：「女子麥面包」由王喬纕、司婕希共同創辦，堅持無添加、絕不妥協的態度是品牌的核心精神

## 堅持無添加，用愛心烘焙的好麵包

女子麥面包的產品主軸是不放改良劑、乳化劑、保濕劑且使用 100% 天然奶油製作而成的麵包，喬纕表示：「一小匙改良劑，就可以讓學徒打出來的麵團如同師傅的水準，但我覺得那樣沒意義，我不單只是做麵包，而是追求做出好麵包。」因此無添加又要兼顧高品質，就非常考驗店裡夥伴們的能耐，如今已有六間店的規模，女子麥面包還是堅持工作室的品質，並且重視夥伴的教育訓練。一般大型店家的生產模式，會傾向讓員工一直待在同個崗位，因為一但換崗位，公司就必須付出高昂的教學成本，但是在這裡，夥伴們時常輪替崗位，透過這個過程學到不同的技術與面向，即使這樣麵包的報廢率很高，長期的耗損也曾讓她感到痛苦，但為了實踐她的核心理念，她依然不放棄，喬纕笑著說：「沒辦法，想到自己過去的經歷，就覺得要為這些夥伴堅持下去。」除了店裡的教育訓練，喬纕也有對外開課，她同時會傳遞學員這個理念：「做麵包其實很簡單，只要學個四到八小時就能做出來，再加點食品改良劑，每個人做的都不會太差，但這樣就失去我們喜歡麵包的初衷了，做麵包很簡單，但要做好麵包是很不容易的。」

店裡最暢銷的五大招牌商品，分別是安豐金牛角、冠軍煉乳吐司、芝麻手撕包、肉肉、鹹蛋奶酥，麵包看起來小巧，不過拿起來有重量、吃起來有份量，製作過程不過度發酵，所以沒有虛浮的空氣感，喬纕很坦白地說：「好不好吃這件事很主觀，我們的麵包很平凡，也沒有多厲害，只是用心對待每一顆麵包、重視每一個製作的環節，讓它們成為餐桌上的日常，如此而已。」在原物料暴漲的當下，從五年前創業至今，光是奶油漲幅已高達 60%，喬纕仍堅持使用 100% 天然奶油製作麵包，關於這一點，她說明：「有些店家會混用人造奶油，其實顧客也吃不太出來，但天然的奶油身體容易代謝，人造奶油吃進身體難免有負擔，顧客都是基於信任跟我們買麵包，這點堅持是絕對不會妥協的。」

圖：不放改良劑、乳化劑、保濕劑，使用 100% 天然奶油製作吃得安心的麵包，是店內一貫的堅持

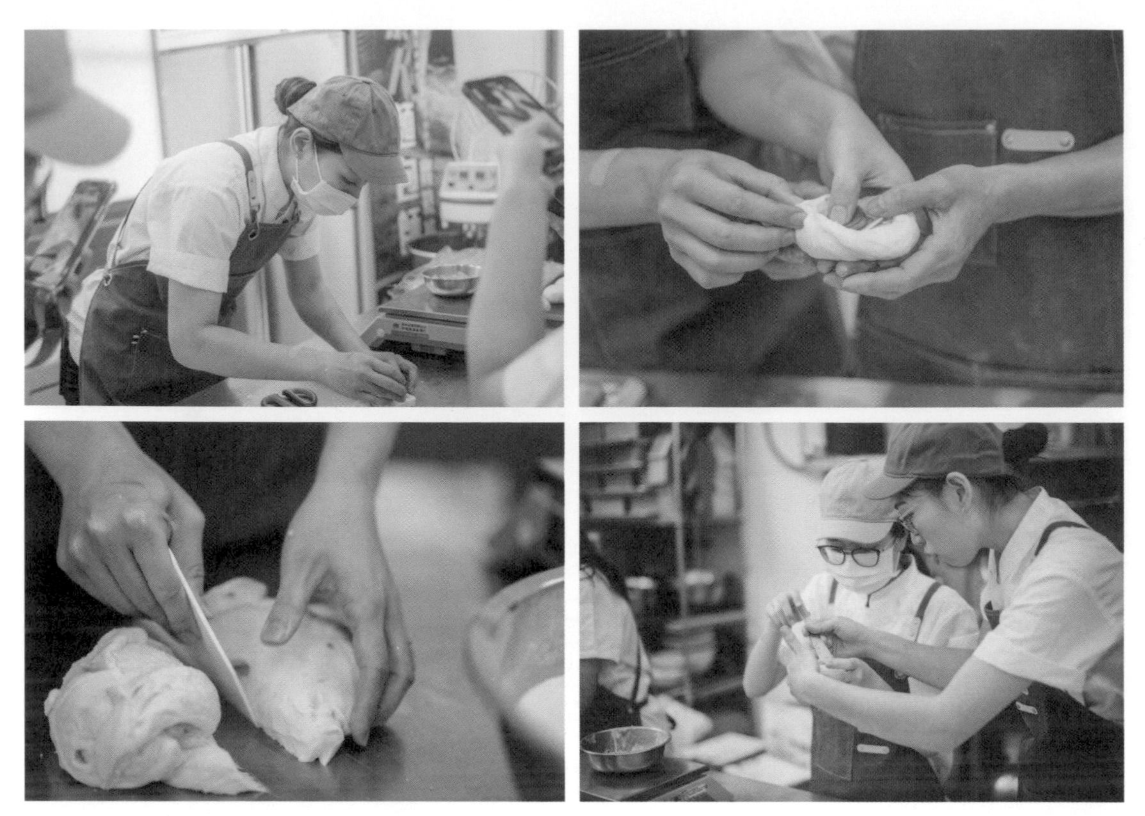

圖：女子麥面包傳遞手心的溫度，用心培訓及教學，延續這份美好

## 善待每個遇見，秉持一如初見的好品質

目前女子麥面包共有六間店：三間直營、三間加盟。其中一間加盟主是兩位媽媽，拉拔孩子到學齡，想重回職場；另外有一間加盟主則是上班族，與母親合夥，希望自己能擁有更好的收入及生活。喬纓直言：「開了三間直營店之後，發現每間店至少要有一個夥伴在門市賣麵包，而他們因此無法專注在學習製作麵包上面，但是來店裡的夥伴們都想培養一技之長，這點我一直放在心上，我也不停地思考如何在經營與理念兩者之間取得平衡。」於是她做了許多調整，最後決定開放加盟體系，讓二度就業或者想增加收入的人，可以在事業、家庭與孩子之間找回自我；而想要學習的夥伴們也可以專心在做麵包這件事情上，各司其職，完成各自的人生夢想。

主流的麵包店型態分為工作室與大型連鎖店兩種，工作室有自己的風格特色，人員少所以品質相對穩定，講求原物料的使用，但價格相對高昂；連鎖店則是有實體店面裝潢，同時以量制價壓低末端售價，但因為大量生產，多數會使用添加物來穩定品質；而女子麥面包則是將自己定位於兩者之間，即使已擴展六間分店，但由總部統一生產，把持天然無添加、純手工的品質，且店面坐落露天騎樓，沒有華麗裝潢、也沒有精美包裝，只願將心力灌注在每一顆麵包上。創業即將滿五年，女子麥面包仍然給顧客當年那兩個小女孩草創工作室時，手心傳遞的溫度。

圖：女子麥面包給予眾多沒有相關經驗的求職者機會，致力於打造公平學習的環境

圖：用心對待每一顆麵包、重視每一個製作的環節，讓它們成為餐桌上的日常

## 以開放的心態應對未來，立志成為台南在地指標性麵包店

女子麥面包期待培育更多人才，所開設的烘焙課程有別於坊間，「素人麵包師實戰班」為十天系統課程，包含五天產品實作課，傳授百分之百的商業配方，另外五天則是商業課程，指導學員如何開創自己的事業體，之所以有這樣的課程設計，是因為創業不只需要一個好的產品，也需要有足夠的商業思維才得以永續經營，不少同業驚訝於她們的毫無保留，對此，喬纙採取正向開放的心態：「我自己當年也是沒資源、沒背景，遇到許多貴人、恩師才能走到今天，開課的目的就是想幫助跟我一樣懷抱夢想卻苦於沒有門路的人，店裡的商業配方與經營模式，我都不怕被學走，市場很大我一個人也吃不下全部，如果以後有學員發展得很好，說是從女子麥面包學來的，我會感到很驕傲！」喬纙高中時本來想念餐飲科系，卻被家族的正規教育影響而作罷，普世價值認為餐飲業的薪資與社會地位都不高，因此她期盼能為產業盡一份力，希望未來旁人問及職業，說出麵包師傅的那刻，也可以跟醫師、律師一樣，獲得應有的尊重，扭轉餐飲業的刻板印象。

女子麥面包創業五年來，每年都有嶄新的企劃，從第一年快速壯大、第二年打造團隊、第三年拓展分店、第四年開班授課、第五年開放加盟，未來，喬纙希望把這些事情做得更深入、更穩固，當品牌的影響力是現在的五到十倍，就能吸引更多有熱情與夢想的夥伴、加盟主、學生前來。喬纙更給自己一個期許：「創業十年成為地區指標性的麵包店，每當來台南想吃麵包的時候，腦中就會閃過女子麥面包這個選項。」一切，未完待續。

## 給讀者的話

很多人認為，創業最重要的是錢，但其實創業最重要的是腦袋，需要具備商業思維、非凡韌性以及永不放棄的精神，這點在《富豪谷底求翻身》實境節目中已被驗證。

我在大學時因為興趣，打工存錢買了攪拌機和烤箱，多年後成為我們草創時期唯一的生財工具。剛開始創業，我們只花了兩千元，買進第一批原物料，以最小可行方案投入市場測試水溫，每天左手進、右手出，拿當天的營業額去買隔天需要用到的材料，過了兩、三個月發現生意還不錯，審慎評估後才借貸了第一筆錢，增添機具設備、擴大營業規模。

我們沒資源、沒背景，自然也沒有退路，因此在每個困難的當下，我們只會去思考怎麼解決以及如何活下去，當問題很大的時候，代表我們很小，但當我們足夠強大，所有挑戰都能迎刃而解。

圖：未來，女子麥面包將朝台南指標性麵包店邁進

## 品牌核心價值

提升女性麵包師在台灣烘焙業的影響力，持續做出好吃的麵包。

## 經營者語錄

創業不是通往全方位成功的唯一道路，但如果創業是你一直以來的夢想，那人生只有一次，何不勇敢嘗試呢！

### 女子麥面包

公司地址：

安豐總店——台南市安南區安豐六街 52 號

長榮二店——台南市東區長榮路三段 50 巷 4 號

北忠三店——台南市北區北忠街 172 號

建平加盟店——台南市安平區建平九街 36 號

永康加盟店——台南市永康區復華六街 67 巷 11 號之 1

佳里加盟店——台南市佳里區安南路 161 號

Instagram：@womenbread

Facebook：女子麥面包

官方網站：http://womenbread.com/

# BT Studio

圖：工作室創辦人 Ti Ti

## 打造最美新娘，新秘神手展魔力

結婚是一輩子一次的人生大事，不少女生嚮往有天能像童話故事裡的公主般，穿上白紗美美的站上紅地毯走向另一半，並與其交換誓言。BT Studio 影像造型工作室創辦人 Ti Ti 也有同樣的憧憬，不同的是，她想成為的並不是美麗新娘，而是美麗的幕後推手——新娘秘書。

---

## 優雅櫃姐讓美夢萌芽

TiTi 首次感受到化妝的魔力是在高中打工時期，對面的專櫃小姐每天漂漂亮亮的來上班，經常看到她幫客人化妝、修眉，即使忙起來依然從容優雅，Ti Ti 被這畫面深深吸引，覺得「把人變漂亮」的職業充滿了魅力，因而產生興趣。畢業後進修彩妝課程，開始接觸到電視台、廣告、音樂 MV 等幕後工作，協助做彩妝造型。

Ti Ti 除了工作上發揮彩妝造型的專業，私底下也經常分享保養資訊，有天一位女性好友問她：「你這麼喜歡幫人化妝，也這麼厲害，有沒有想過當新秘？」這時 Ti Ti 才驚覺原來有專門幫新娘化妝的職業，而且還不需要本科系畢業的門檻，於是興致勃勃地找了新秘補習班上課。

那時同時兼顧幕後彩妝造型及新秘課業，一段時間後覺得補習班實戰經驗不夠豐富，又另外找欣賞的新秘老師做進修，越學越有興致。有天意識到如果想要完成新秘的夢想，就要從不定期的彩妝造型業離職，深思熟慮後，Ti Ti 認為影視的造型都是被設定好的，大多是完成別人的創意，但做為新秘，每個新娘都是一張白紙，可以自己發揮美感添加色彩，這樣的成就感是做彩妝難以獲得的，於是結束五年的彩妝生涯，正式踏入新秘圈。

圖：工作室新娘梳化區

## 從個人發展團隊，首要培養兩種能力

剛開始，Ti Ti 以個人工作室的形式服務全台各地的新人，不知不覺間走了十個年頭，以經驗來說已經相當豐富，但 Ti Ti 一直到 2019 年才下定決心成立品牌工作室，因為她希望自己先培養「真實」及「抗壓」兩種能力。

「真實」指的是 Ti Ti 對作品的拍攝要求，希望透過攝影把當下完成的新娘妝真實呈現。Ti Ti 回憶剛開始接案時照片都是自己拍攝，所以每次出勤除了拖著一大箱的化妝品，還會再另外背台有點重量的專業相機。Ti Ti 認為新人一生只結一次婚，所以作為新秘每一次被選擇都代表著巨大的肯定及信任，而想在眾多新秘中脫穎而出，靠的就是這些實際感的作品照。當她決定要成立品牌工作室後，在招募攝影師上也花了很多心力去磨合風格，Ti Ti 說：「我希望照片呈現的，就是當下的美與感動，這對我跟攝影師來說都是挑戰。」

「抗壓」則是強調心理素質。Ti Ti 解釋身為新娘秘書，不是單純會化妝做造型就好，每場婚宴幾乎都會遇到趕時間的問題，有時婚宴的不可預期變故，造成她只有十分鐘的時間就要幫新娘換髮型或換好婚紗，只要一被限制，壓力就會很大，深怕自己動作慢了耽誤新人的時間。所以她告訴自己，心態上除了要有高強度的抗壓性，能力上也要保持高質感的效率，以上都能達成，再來考慮開工作室。也因為 Ti Ti 紮實的累積，讓合作過的新人們都很放心，不少新娘結完婚後，都會再找 Ti Ti 詢問寶寶寫真或拍攝全家福的檔期。

圖：BT Studio 影像造型工作室作品

## 不只是化妝！更要提供安全感

新秘的工作範圍到底有哪些呢？ Ti Ti 回答：「除了設計妝容跟髮型外，最重要的是提供新人安全感。」由於結婚的前置準備非常繁瑣，要將兩家人的意見整合成同一共識就夠讓新人頭大，Ti Ti 理解新人的焦慮，不希望在婚禮造型上增加負擔，所以在溝通前期會特別重視新人喜好的風格，接著 Ti Ti 再針對新娘本身的優勢設計類似造型，並製作成專業造型簡報，幫新娘濃縮重點，這樣討論起來既省時也能讓新人感到安心。Ti Ti 私下透露，其實她還有特別去學手工藝，為每一位服務的新娘打造專屬頭飾，讓整體造型更有新娘本人風格。

談到遇過最崩潰的新娘，Ti Ti 笑說：「在這兩年結婚的新娘都很崩潰吧！」因為首次遇上疫情衝擊，在措手不及下接到各種場地或餐廳延期、取消的通知，很多新娘因此呈現憂鬱狀態，甚至哭泣，遇到這種狀況 Ti Ti 就會放下手邊的事花時間去安撫，陪伴對方度過混亂時期。Ti Ti 說：「跟新娘站在同一陣線也是新秘的責任之一。」

圖：BT Studio 服務新人婚禮照

圖：Ti Ti 會幫每位服務的新娘設計專屬頭飾

## 開班授課，傳遞陪伴的力量

當工作室架構已經成熟，Ti Ti 接著投入在教學與培訓上，過去上新秘補習班的經驗讓她深深了解，婚禮產業絕對不是紙上談兵而已，更需要實作穿插及不斷更新資訊，Ti Ti 希望在能力所及的情況下能夠為有興趣的學員提供良好的教學品質，不只傳授化妝技巧，更要練習如何成為陪伴的力量。如今 Ti Ti 已經有開放招收學員，未來希望在新秘工作以外的時間，更專注在教學上。

圖：新秘工作側拍

圖：BT Studio 新秘教學

## 經營者語錄

「永遠把今天的新娘，當作服務的第一個新娘。」

不管是什麼工作，越是經驗豐富，越是容易大意。但以新秘來說，每一位合作的新娘都是初次結婚，她們會焦慮、疑惑都是正常的，不能以自身的經驗干涉新娘的決定。Ti Ti 經常告訴團隊夥伴，如果發現新娘已經開始恐慌，要更重視對方感受，好好的聆聽，善良的引導，合作的品質才會高。

### BT Studio 影像造型工作室

公司地址：台中市西區忠明南路 259 號 403 室

Facebook：BT Studio 影像 . 造型工作室

BT Studio | 新娘秘書 TiTi Liu

Instagram：@titiliu_1113

# 楹菘製麵所

圖：楹菘製麵所打造日式的質樸氛圍

## 以職人精神製麵，為烏龍麵注入靈魂

去年十月重新創立，未來將以冷凍麵工作室的型態經營，一路走來如同松樹慢慢茁壯而成長，因此以菘為名，更以紮實的職人精神持續為顧客做出無添加、自然美味的麵條。

---

## 楹菘製麵所的創立緣起

坐落於台中市北區太原四街的楹菘製麵所，最初的雛型，其實是源自民國 104 年在北平商圈的壱碗屋さぬき製麵，因為店鋪重新改建問題而搬離。這六年間陸續有老主顧關心何時再開業，於是在 110 年 10 月找到合適的地點，搬出塵封在倉庫多年的日本原裝進口讚岐製麵機，設立「天助製麵所」，當老顧客來訪，給予真誠的回饋說道：「真的找不到跟你們一樣味道的麵！」這讓創辦人呂彥辰感到很欣慰，更加篤定要製作出讓人懷念的麵條，這次店鋪以販售冷凍麵條為主，日前由於商標的變動，正式更名為「楹菘製麵所」。

## 以冷凍麵條為主，現場體驗為輔的經營目標

會想做冷凍商品的靈感，是源自呂彥辰原本的工作，去年呂彥辰還是超商的營業主管，觀察到疫情爆發以來，宅經濟當道，由於大家都不敢出門，就會偏好冷凍商品或半成品，相關銷售日益成長，那時候就萌生一個念頭：不如來做冷凍麵吧！不過卻也擔憂，市面上冷凍麵條五花八門，突然出現一款麵，不知道消費者是否會買單？因此一開始先以現場熟食販售當體驗，讓客人品嚐後，覺得好吃，產生購買冷凍商品的念頭，且透過簡單覆熱方式，就可享用與店內相近的品質，也可以分享給朋友當伴手禮，因此未來的目標會以冷凍銷售為主，現場體驗為輔，希望之後能將這個場域作為製麵工作室。

## 找回令人懷念的老味道，研發口齒留香的新品項

一開始先把以前的味道找回來，例如原有的炙燒醬、日式胡麻醬、鰹魚昆布湯、叉燒肉片，都是顧客們懷念的老味道，再從中去做改良、研發新的口味，並且升級湯頭的香氣及後韻，讓滋味更渾厚。熱賣款鰹魚昆布湯是採用東港的丁香魚乾、金勾蝦、乾干貝等道地的新鮮食材下去熬煮，「食材好，我們才敢用，只想給客人自然的好味道。」而一般人對日式胡麻醬的既定印象，是太乾、很膩，他們也做了調整，用台灣芝麻醬加上日本的胡麻醬以黃金比例做調配，再佐以檸檬金桔的果酸，吃完後完全不會膩口。

圖：「楹粆製麵所」研創的冷凍烏龍麵還原店內嚐到的好滋味

## 研發如在現場食用的冷凍麵條

不過僅有之前製麵的經驗還不夠，更要研究如何做出好吃的冷凍麵條，因此前期兩個月，先投入冷凍產品的製作，期望能跟現場吃起來不相上下，所以找了市面上各式冷凍冷藏的產品，再觀察其中的差異，也從中設想改良的方法。由於呂彥辰大學主修食品科學系，碰上問題會請教系上老師，以科學方法來解決製程上的難題，也讓朋友試吃其中差異性，再去做修正。他也坦言說：「很難讓冷凍麵條的口感跟現場烹煮同樣Q彈，多少會有點折損，為了避免折損就要加入部分食品添加物，但這不是我們想要的，我們想要給消費者自然的東西。」為了這個純粹的心念，煞費一番苦心，每日不斷測試研發，終於調整出現在的完美版本，接著又花了一些時日測試保存期，目前冷凍麵條的賞味期可以維持一個月的時間，口感跟香氣都跟現場吃得差不多，還原九成以上，實屬不易。努力了數個月後，目前內用與冷凍消費的顧客，大約各占一半比例，顧客間也口耳相傳，主動揪團推薦。

圖：楹粆製麵所店面一隅

## 創業歷經的難題，是一點一滴的突破

關於創業瓶頸，呂彥辰認為創業確實會遇到很多問題，遇到就去克服，很多事情慢慢學就會了，之後若再遇到就懂得要如何去應變。他說自己也是做中學，從菜單設計、社群經營，都是下班後爬文到深夜學來的。其中開發冷凍麵條的環節最難，想要覆熱後就能吃，中間試過各種細微的比例調整，礙於機器製麵只能大量生產，在實驗階段大多是用手桿麵，非常辛苦。除了比例外，也針對麵粉做了研究，經篩選後，用日本鳥越麵粉及日本澳本麵粉做最終選擇，澳本做出來的麵條比較硬 Q，現在用的鳥越是軟 Q 麵條，比較符合台灣人喜歡的口感，經過數個月的努力，終於從過程中一點一滴試出最好的製麵方法。

## 以無添加為基準，方便帶回家享用的冷凍手路菜

目前榲菘製麵所的多數產品，是完全無添加，而麵條主打自然發酵，坊間認為自然發酵很簡單，但對於他們來說，自然發酵是有科學根據的，要下功夫，針對水質、鹽度、溫度去做控管，並且選用日本優質的麵粉，才會有小麥香。因此做到製程上沒有誤差，每一碗 Q 度與口感都一致，是他們的堅持；除此之外，縱使烏龍麵口味大多偏向日式，但他們突破味道的侷限，針對台灣人的喜好去研發各種醬汁與湯底，因此店內的客層很廣，從小小孩到銀髮族都喜歡這清爽順口的滋味。

而店內冷凍的品項還在陸續調整中，也有做些開胃小菜，由於呂彥辰的父親是日料師傅，又有乙級廚師證照，因此也將日料的精髓做成冷凍商品。像是店內目前販售的鮎魚茶香煮，就是日本道地的手路菜，其特色是選用台灣高山茶，像是福壽梨山茶之類的茶汁一起熬煮，香氣才夠，且要小火慢煮六小時，煮到魚骨頭酥軟，整條魚都可以吃下肚，鹹甜帶甘的多層次風味，令許多老饕難忘。店內的炙燒醬也很受歡迎，很多客戶驚喜表示：「這個鹹甜味很剛好，孩子本來很挑食，竟然整碗吃光！」目前有販售整瓶的炙燒醬，淋在飯上、肉品的調配上，甚至拿來當醃醬、中秋烤肉當烤肉醬，都很適合。

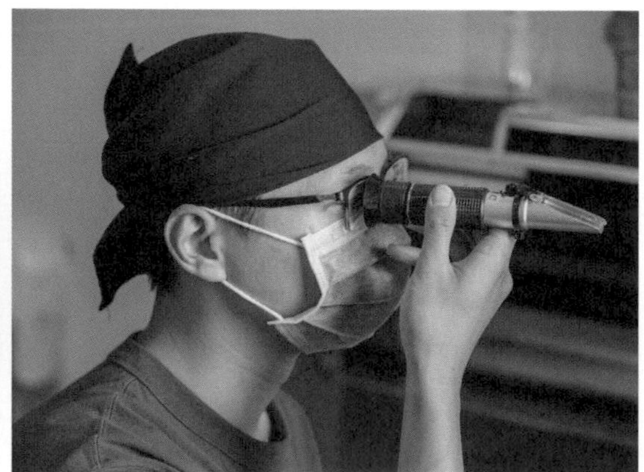

圖：「榲菘製麵所」以一絲不苟的科學精神與自然發酵的麵糰做結合

圖：從令人懷舊的老味道融合新鮮食材的渾厚韻味

圖：方便帶回家的冷凍手路菜

## 關於營業時間的二三事

很多人會有疑問：「店內的營業時間為何那麼短，只有中午跟傍晚各兩小時，想吃的時候店都已經關了。」呂彥辰無奈表示，其實沒開店的時間，都在裡面熬煮湯頭跟製作食材，因為從醬、麵、湯頭、肉品，都是自己做的，相當耗時，一天至少待 12 小時起跳。因此會希望客人可以在開店的時間買冷凍商品回去，這樣在家隨時都可以吃，且冷凍麵條只需加熱一分半，比泡麵還快速。距離遠又想買熟食回去的客人，他也會建議盡量帶冷凍包回去，不然麵冷掉再加熱，口感反而沒有冷凍包好，希望慢慢鼓勵客人購買冷凍商品，突破空間與時間的限制。

圖：楹菘未來將持續以職人精神，紮實的做出每一根飽滿的麵條

## 未來持續紮實打底

提到店內的製麵機，其實有很多用途，不只可以做烏龍麵，還可以做市面上很少看到的蔬菜烏龍麵、水果烏龍麵。因為注意到很多素食者來店裡只有單一胡麻醬口味可以選擇，未來也想開發更多蔬食族群可以吃的東西，個性很實在的呂彥辰表示，目前沒有想要擴張的打算，只想要把店面經營好，並把產品品質做得更紮實。

### 品牌核心價值

要做自己敢吃的，會吃的、喜歡吃的東西，才能端出去給客人。

### 給讀者的話

創業有很多複雜的事要做，也會遇到很多沒遇過的問題，像是註冊商標、公司的設立、產品的包裝等等，有的可以花錢處理，有的得自己做，因此要有一定的抗壓性去處理一切事務。

### 經營者語錄

經營事業，要穩扎穩打，就像照顧一棵松樹一樣；要向下扎根，才能慢慢成長茁壯。

### 楹菘製麵所

店家地址：台中市北區太原四街 8-1 號

聯絡電話：0986-990-377

Facebook：楹菘製麵所

Instagram：@tensuke_mentsukuri

產品服務：冷凍半熟烏龍麵零售、營業用批發、冷凍料理商品團購

# 浪喵果乾舖

圖：創立品牌不是為了自家的貓，而是為了其它流浪在外的流浪貓

## 以愛為名的貓系養生零嘴

每一包果乾、每一份商品，都充分展現創辦者與家中 14 隻貓的深刻連結，並延續這份愛給更多無家可歸的浪貓。

## 以浪貓之名，賦予果乾新生命

浪喵果乾舖的創業本意十分簡單，創辦人李孟儒的老家住玉井，又種植各種水果，加上他養了許多浪貓，因此很快興起創辦浪喵果乾舖的想法。結合自己的愛貓們與老家水果來做果乾，從萌生念頭到開始創業，只花了一個月的時間，他認為有資源、有想法，就要去執行，一開始只是簡單包裝，將販售品項跟貓咪的名字、個性、興趣做串聯，像是其中兩隻貓咪叫：墨墨、念念。而李孟儒想到：情人果會讓人念念不忘，貓咪念念的個性又很愛賣萌裝可愛，顯得非常討喜，於是他就把情人果乾取名做：思思念念情人果；墨墨的個性有點孤僻、自我中心，剛好又是黑貓，於是就被取名為偷偷墨墨加點梅，之後也陸續用愛貓的名字與樣貌，做成 Logo 與包裝等等，並畫出貓咪們的大頭照做一系列規劃，開始找貼紙、包裝廠商，過程中不斷思量要如何才能呈現自己想要的樣子。

在銷售端上則設立自己的官網販售，沒有上各大銷售平台去展售，剛開始販售的前一兩個月，身邊的親朋好友知道他有做這門生意，都會問：「這是給貓吃的嗎？」他總不厭其煩地回覆：「是給人吃的！」產生這些對話，也增添交流與趣味。

李孟儒提到：「我當初做這些，不是為了我家的貓，是為了其它流浪在外的流浪貓。」因此以他們的名字去做發想，讓顧客看到家中的浪貓，並將每樣產品都捐 5% 給浪貓，希望顧客在吃果乾的同時，看著包裝，就可以聯想到：今天又幫助了一隻浪貓。

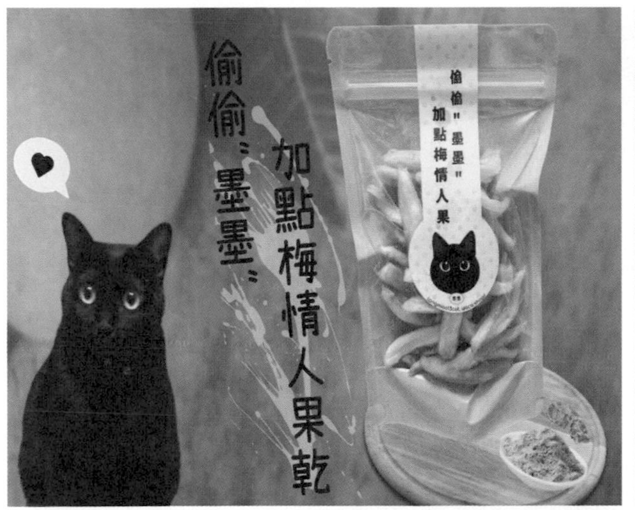

圖：每隻貓咪都有屬於他們的特色產品，左排圖為墨墨與念念所代表的情人果乾口味

## 從糕餅打響果乾舖名聲，打造與寵物共享零嘴的快樂

浪喵果乾舖的創辦前期曾遇到困難，由於沒什麼知名度，甚至有一個月的時間都沒做銷售，李孟儒一度不知道自己是為什麼創辦這個品牌，因此備感沮喪，那時因應中秋，加上自己又有中式麵食乙級的執照，會做蛋黃酥、鳳梨酥、芋頭酥，因此用貓咪的品牌加上創新的名字去做銷售，成為季節性產品。那時候除了親友，也出現一些網友幫忙推廣，因此多了些人知道「浪喵果乾舖是有賣中秋糕餅的」，那時生意還不錯，賣糕餅的同時，也會附贈果乾給顧客試吃。這些果乾成分天然，可以跟寵物一起分享，像是蔓越莓果乾貓狗都能吃，於是很多顧客會分享跟寵物一起共享零食的經驗談，甚至會搶著吃，藉此培養感情。來購買的主顧客群幾乎都是有養貓的人，甚至也有人反饋從沒吃過那麼好吃的果乾。

上圖：浪喵果乾舖鳳梨酥
下圖：創辦人李孟儒本身也是貓奴，圖為去世的愛貓 MIGO 所代表的芒果奶酪

圖：果乾營養美味，貓咪與主人可以共享

## 隨緣銷售到突破性成長的創辦歷程

銷售方面，李孟儒一開始是採用隨緣銷售模式，只有親朋好友知道，過了幾個月之後才營業登記，並開始做衛生檢驗、保險等一連串動作。李孟儒提到：「由於網路上的果乾市場很競爭，我們又算是中上價位，所以品質把關很重要，因此代工廠的選擇以及製程都相對嚴謹，加上每家果乾做出來的口味都有歧異度，為了尋找大眾喜歡的口味，也花了一番心力，這些都會反應在成本上。」

在使用廣告投放時，一開始有點抓不到訣竅，花了錢，品牌與粉絲卻無法成長，所幸後來李孟儒透過臉書，開始選擇正確的途徑與更有效率的投放，算是有突破性的發展，那時連正職的同事都看到他的投放，很多人開始注意到這間網路店舖。

除此之外，浪喵果乾舖的活動也會跟著節慶，設計出許多周邊產品，像最近是三八婦女節，就會針對宅在家、想吃零食的女生，推出一套精選果乾，主打少吃零食糖果、多吃點健康果乾。另外，很多飼主想要在結婚過程中，加入自己飼養的貓咪元素，因此也有提供小包裝果乾來做為婚禮小物。李孟儒說明：「我一有想法就會快速執行，不浪費任何機會與需求。」因此也設計同系列貓咪口罩，只要買果乾就有機會收到這份獨特的贈品，許多顧客反饋：「超可愛！捨不得戴。」

圖：浪喵果乾舖會隨著節慶推出特色禮盒

## 創辦至今遭遇的兩大困境

李孟儒提到，有碰過網路上的酸民，指責他濫用動物的名義來賣東西，卻都沒有認真看粉絲專業的資訊，還提出額外的 5% 沒有捐給機構、私吞的疑慮，「這時我感覺自己陷入低潮，明明每個月都放照片證明、捐款公司行號、連結，卻還要被說閒話。」所幸許多常客也會幫忙說話，這讓他備感欣慰。

第二個低潮大概就是 2022 聖誕節前，其中一隻貓 MIGO 去當天使了，「MIGO 芒果奶酪」就是用他命名的季節款，推出產品沒多久，MIGO 就離開這個世界去當天使，那時李孟儒完全沒有心情銷售，甚至找不到繼續品牌的理由，不過卻出現一個契機：愛貓離開的那天，上班場合的天花板剛好出現小貓的聲音，於是處理完MIGO後事後，他就收養了自己的第 14 隻浪貓「米多」，他認為這是 MIGO 回來了，縱使性別、花色不一樣，卻帶給李孟儒很大的安慰，後來生意也漸漸變好，這讓他覺得離開的愛貓始終使守護著他，以天使的方式繼續陪伴著。

## 浪喵特色產品深植人心，未來仍有無限可能

李孟儒認為，台灣目前還沒有人用貓的名字做果乾與家中寵物做連結，因此目前還是極具特色的產品，他也提到現在也有許多喜歡他品牌圖樣的客戶，認為有熟悉感，別人是從粉絲頁做起而帶來銷售，自己則是反著做，現在才漸漸開始圈粉。而口味上，超商或是國外引進的果乾，很多會放防腐劑、色素，浪喵果乾舖則是主打自然的風味，使用新鮮水果，送到烤箱低溫烘焙。

現在品牌逐漸上軌道，還有推出屬於自己的浪喵貼圖，李孟儒提到：「目前想先把品牌顧好顧穩，未來會繼續新增品項，也會擺市集，讓更多人看到，店面也在慢慢構思中。」

台灣是水果王國，產品可能隨季節性產生無限可能，會繼續創造新的果乾、點心，後面預計會出果乾水，主打喝天然健康的水來取代飲料，李孟儒也常推薦顧客不要單吃鳳梨乾，拿來煮鳳梨雞湯更好喝；情人果乾可以拿來做麵包，透過料理多樣化去做變化，不只美味，也可以補充維生素，強化身體機能。

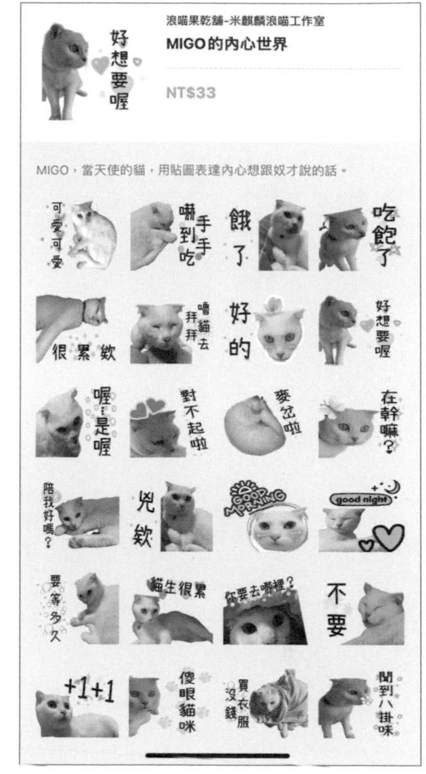


圖：除了貼圖，未來浪喵果乾舖還會持續推出各類商品

### 品牌核心價值

我們一起吃果乾，一起幫助貓咪，在外面遇到的流浪貓，都是一種緣份。

### 經營者語錄

用13隻浪喵的名字，賦予果乾新生命。每一隻浪喵都有相遇的故事，一起大口吃果乾，浪愛延續著……

### 給讀者的話

我認為我不是在做營利，是以愛為出發點來創業，因此要有正面的心態，堅信自己做的事是正確的。

### 浪喵果乾舖

聯絡電話：0916-369-103

Facebook：浪喵果乾舖

Instagram：@langmiao13cat

# 艾拾金耳

圖：第一次去世貿參展就大受歡迎，也讓更多人知道采耳是什麼

## 熱愛采耳中的黃金寶藏

艾拾－EYES；金耳－耳中掏金，將眼睛與耳朵做結合這個簡單的意念，也源自於當時愛上采耳而創辦品牌的自己；做美業超過十年，創辦者徐珮珈擷取自身豐富的采耳體驗，與長年美睫的教學經驗做串聯，創立屬於自己的采耳品牌，期許每位教出的采耳師，都能愛上這個探索的過程，並從采耳這個職業，挖掘屬於自己的黃金寶藏。

## 創辦緣起：從興趣走出師途

在創辦艾拾金耳之前，珮珈一直是資深的美睫師，在台灣有七年資歷，因此被聘請到大陸做美睫教學，這三年的時間她接觸了采耳。除了工作，下班她就到處去找采耳放鬆，一開始只是興趣，漸漸地，她嗅到商機。2020 年她回台之後，將一切歸零重新開始，她認為做睫毛在台灣已過於競爭，因此想開發特別的課程，聽聞朋友說台灣也有采耳，於是就跑去上相關課程，結果讓她很納悶的是：跟之前的體驗感差很多！

珮珈回想以往在大陸沙龍做采耳時的經驗：會從腳按到頭，再做重頭戲的采耳，最後帶回身體，這個流程會有一定的時間，也會有各種工具的使用順序，由於她很喜歡這個舒服的過程，於是四處找手法不同的師傅，感受各家采耳店的獨門工具，因此回到台灣後，發現這些流程被省略，這讓身為采耳專門戶的她感到很失望，於是她立志要重現當時感受最好的細節，著手細細規劃。本著做美業多年的敏銳觸角，以及在大陸培訓的經驗，將工具、方式、順序等變化流程，加上自身的詮釋，花了一個多月的時間創建出屬於自己的一套流程，她形容，「就像有人很愛川菜的味道，但覺得太辣了，於是有餐廳就把川菜改為台灣人能接受的辣度，但還是保留四川好吃的風味，大概是那種感覺吧！」

在草創的期間，她就累積了許多實戰經驗，後來她碰到了在台灣擁有眾多人脈的貴人老師，「投入采耳教育，未來會有很好的遠景。」分享理念後，這位老師也很同意，由於她有堅決的信念，加上長期做教學的經驗，能讓學生在短期內上手，於是兩人決定並肩作戰，一同投入招生，品牌創立第一年，就教出了七十個學生，每個月都陸續開課。

圖：珮珈融合美業經驗與采耳體驗，課程大受歡迎

## 品牌化經營——給自己一年做緩衝

一開始沒有店面會與美業店家配合與支援，或是全台走透透、租教室上課，於是珮珈決定用之前的積蓄，買下一個離車站很近的店面，艾拾金耳終於在中壢落地生根。由於她始終認為，采耳教學並不是長久之計，因為投入的人逐年增加，加上台灣人的學習能力好，競爭很強，每年也會教出許多學生出去開店或開課，因此前期預設的方向是教學，但後期會往做穩定客邁進，讓客人待在店裡，才有現金流，一開始就以品牌化經營的方式做長遠打算，給自己預設一年時間教學，後續再把重心慢慢放回店裡。

如今她也擴展至二店，將高樓層的店面當工作室，由自己培訓出的講師去教學生，而一樓的店面則是自己常駐，專門做客人，設計偏奶油色的韓系感，空間的安排溫馨舒適。

圖：溫馨舒適的質感店面擺設

## 艾拾金耳的服務流程

店內主要課程采耳，定名為「耳道放鬆管理」，是台灣第一個申請到國際 ISO9001 耳道放鬆管理證書的品牌，採取專業化采耳經營，也給顧客更安心的服務；耳燭會拿點燃的蠟燭幫助耳朵排濕，對顱內產生熱循環，可以按摩到穴道；而眼浴其實就是洗眼睛，店內遵循古法技術，按摩眼周腺體分泌油脂後，清爽不乾澀；頭部的撥筋，搭配工具刺激循環，進行到深層的穴道按摩。

店內項目其實很單純，服務肩膀以上的部位，采耳是基本項目，可以搭配任何項目進行，而時間上也會拉長一些，落在 50 分鐘左右，讓客人享受完整的放鬆過程，「之前有客人反應，曾經有去別的地方感到倉促，好像還沒放鬆到就結束了。」在采耳前也將流程說明清楚，確定客人放心，才會開始進行各種服務。

## 采耳之於療癒

關於采耳，其實珮珈特別想強調：許多人認為采耳就是掏耳朵、挖耳屎，剛開始連她的家人都不諒解，認為沒那麼多技術門檻，其實采耳除了包含掏耳之外，還會搭配工具去做耳內按摩，藉由這個過程讓身體得到徹底的放鬆，采耳這個工作的門檻不高，但在操作上，風險卻很高，由於每個人耳朵結構、敏感度都不同，服務的細節也有落差，因此客人的感受度也會很直接，一感到不舒服，就不可能再回流，喜歡的人則會每個月都回來，像固定按摩一樣。

左排圖：艾拾金耳相當熱衷公益與參展推廣

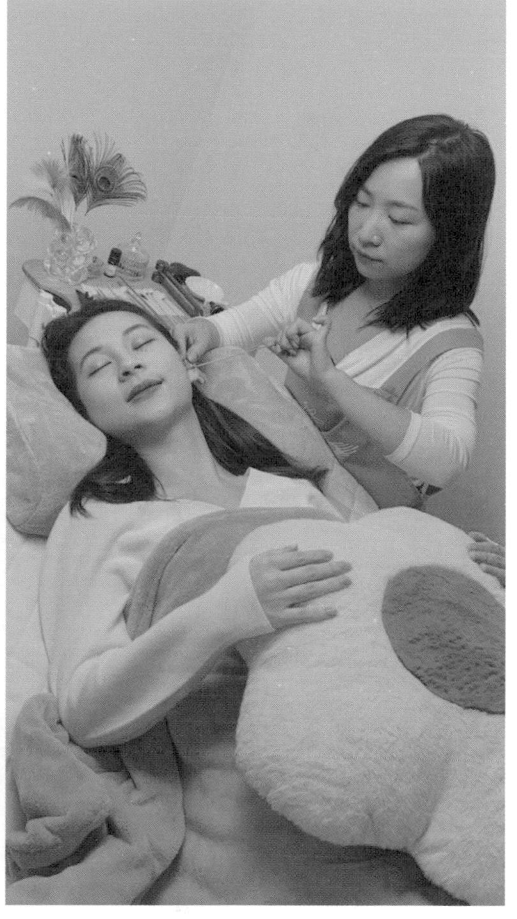

右圖：進行采耳是一件很療癒的事，但這個技術其實沒有那麼好掌握

## 關於采耳推廣與公益

珮珈一直以來都很積極推廣采耳曝光，因此艾拾金耳除了是全台第一家參加美展的采耳，也是第一家做公益的采耳，幫幼稚園的孩子以及醫院裡的老人掏耳，老人中有臥病在床，也有坐輪椅的，關於這點她說明，將影響聽力的耳垢清出來，過程中舒服，結束後身體能放鬆，對睡眠也有幫助；學生對於這塊與她契合，認為可以用技術回饋社會，也能推廣采耳是一件快樂的事，不過本來想每月一次深入社區與社會做的公益，卻因為連年疫情而停滯，這讓她深感惋惜。

不過讓她印象深刻的是第一次去世貿參展就大受歡迎，那時候跟別的廠商合租一個小攤位，沒想到五天場場爆滿，只得加椅子讓現場的民眾體驗，也因此增加了一些知名度，推廣了學生們的店，也讓更多人知道采耳是什麼。

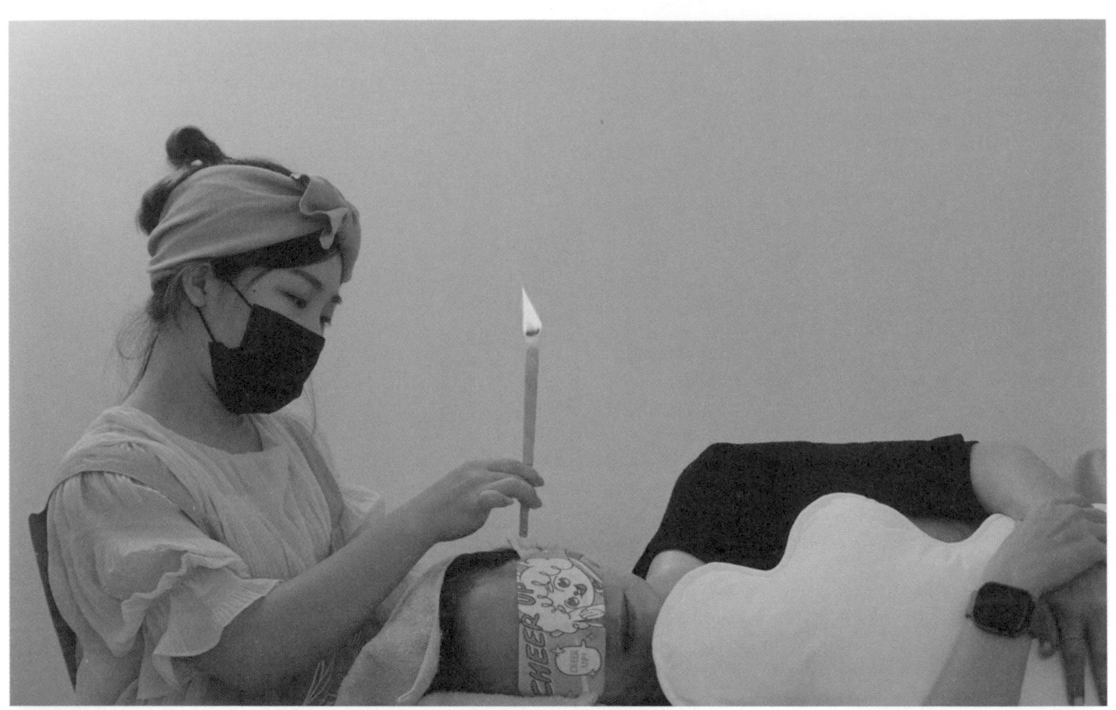

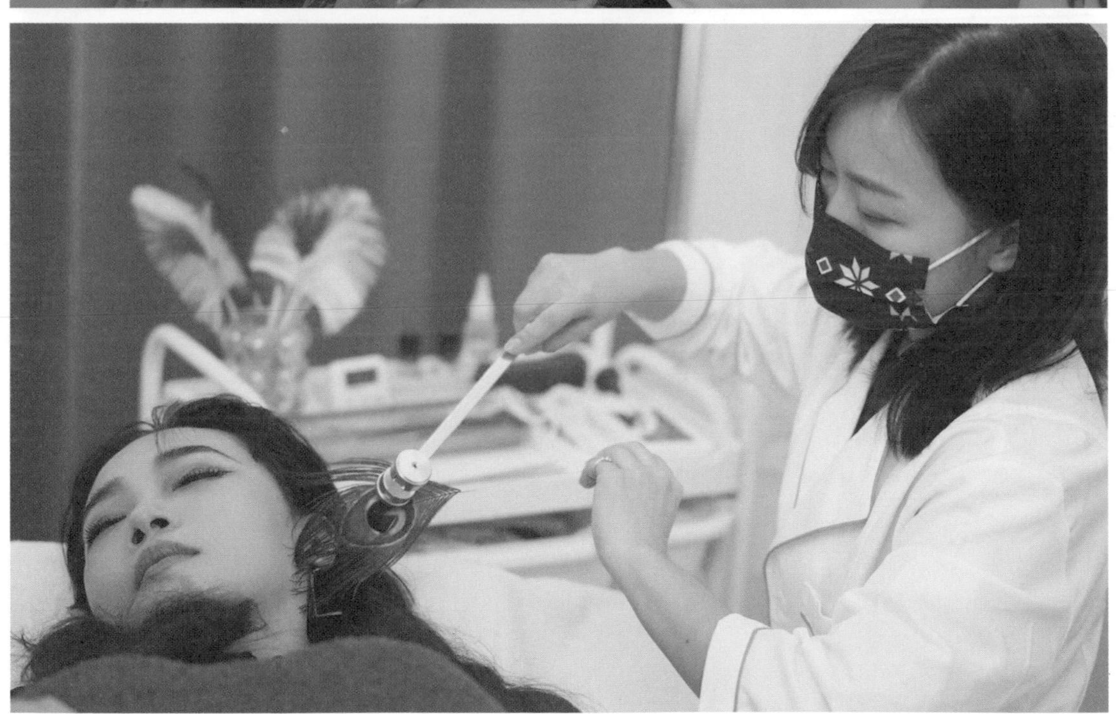

圖：放鬆舒適的服務流程，本著做美業多年的敏銳觸角，將工具、方式、順序等變化流程，加上自身的詮釋，創建出屬於自己的一套流程

## 未來走向——成為采耳界的第一把交椅

目前有兩家店，珮珈已經覺得心滿意足，想要把店面顧好顧穩，也許是掌握到采耳精髓的人並不多，采耳教學並沒有她想像中那麼快泡沫化，因此未來也會繼續從事采耳的技術指導。她認為采耳有傳承性，什麼樣的學生來尋覓，也不用強求，都是緣分，她認為自己不會是收費最便宜的，但會讓學生都能很紮實的學到一技之長，上完課有很好的售後服務，課後可以在講師的組群中線上討論，有問題都能及時解決。

「每個耳朵的結構都不一樣，連我也不能保證每種耳朵都看過，但我們這行挺尷尬，跟醫師其實有差距，但又涉及很多層面。」她強調醫師是做治療的，采耳就是一個放鬆機制，未來，她只想要把采耳品牌做到最好，「想成為采耳界的扛霸子！」她笑著說，珮珈將采耳的傳承視為己任，作風專業且鉅細靡遺，連一些在大醫院工作的護理師來訪後，都驚嘆：「你們也太專業！」

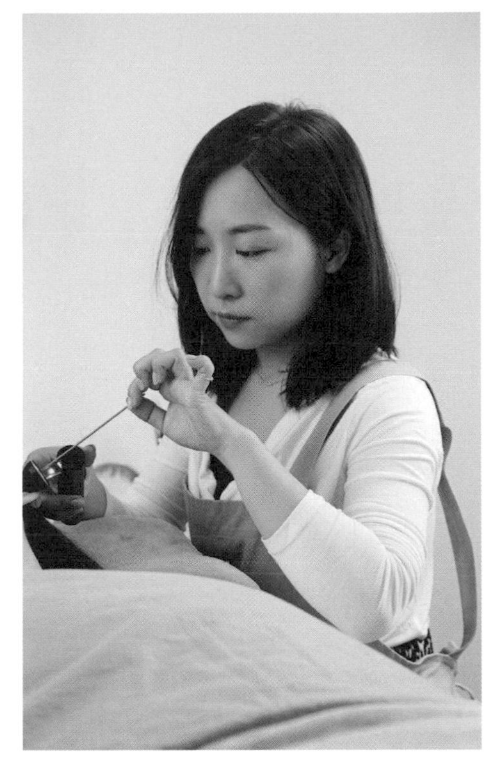

圖：珮珈認為采耳深具傳承性

## 給讀者的話

要抱持興趣、耐心、細心，會比較適合做這個行業，采耳師其實是高風險工作，要有承擔這個工作的壓力與心態，因為采耳一點也不簡單，太多細節要注意，不過采耳的創業門檻不高，設備跟材料都不貴，只是要找到采耳技術正確的老師來指導，不要將價格視為找老師的判斷依據。

### 品牌核心價值

采耳是放鬆療癒的過程，只要真心熱愛采耳，終究能將這個技術點石成金，成為你想成為的。

### 經營者語錄

唯有不斷學習、累積經驗與經歷，提高自己被利用的價值，等到某一天，機會來了，你才能夠把握住！

### 艾拾金耳

店面地址：桃園市中壢區大仁街 47 號

工作室地址：桃園市中壢區中山路 41 號 6 樓之 6

聯絡電話：0926-622-720

Instagram：@ love_ears.tw

Facebook：艾拾金耳

# Familia Salon

圖：新進員工來到 Familia Salon，接收到的不只是技術與經驗的傳承，更是適性培養的全人教育

## 善念萌芽如幼苗，滋養品牌創造正向循環

「Familia」是西班牙語家人的意思，名稱源於在美髮業界任職二十多年的兩位創辦人 Vivian 與 Joveny，希望創造一個將客人視為家人的居所，在頭皮護理療程中，讓家人使用最健康的純植物產品，要追求光鮮亮麗的造型，也要盡量降低染燙用品對身體造成的負擔。除了讓客人擁有健康的身心，Familia Salon 也希望能散播愛的種子到需要幫助的角落，例如傳承技術、為下一代創造就業機會、提撥營利幫助公益團體等。Vivian 與 Joveny 運用經年累月儲備的技術、經驗與人脈，起心動念，讓人們健康、美麗、自信，為社會注入善的能量。

## 第一線服務經驗，造就深刻的消費者需求洞察力

「我們在美髮行業待了二十多年，觀察過上千、上萬個客人的頭皮，其實我們很了解長期接觸化學染燙產品會對人體造成什麼樣的影響。」Joveny 表示，會與「植物草」這個來自日本的頭皮養護品牌相遇，是為了幫爸爸尋找天然成份的染劑：「一開始看到植物草這個品牌的時候，以為是類似坊間的植物染藥劑，後來才發現是百分之百、純天然的植物萃取護理產品。」

Vivian 也補充說明，許多坊間的植物染藥劑，事實上是植物萃取成份與化學成份的混合體，植物成份含量比例約為兩到三成，染出來的色澤、對人體造成的負擔程度等，也都會受到植物種類、產地及萃取方式所影響；而另一方面，植物草的養護產品是由多種純植物成份，包括指甲花、薰衣草、木蘭、無患子、薑黃、決明葉、餘甘子果實、苔癬、番石榴所組成，每個成份各司其職，賦予頭皮與頭髮不同的養護作用。

「很多客人第一次體驗都會覺得很神奇，為什麼做完頭皮養護流程，白頭髮就不見了大半，這是其中的指甲花、薑黃跟木蘭本身的色素，所帶來的效果。」Vivian 表示：「而像大豆蛋白、餘甘子能夠讓頭髮更有彈性，無患子、番石榴等則具有平衡頭皮、預防毛囊炎的修護效果。」

隨著年紀增長，白髮變多、掉髮、頭皮敏感等都是人體常見的現象，但是人類追求美麗的心情，不會隨著年紀而消退，「許多定期染髮的客人，通常都是為了要蓋掉白頭髮，而植物草就提供了一個既能讓頭皮更健康、也能蓋掉白髮的完美解決方案。」Joveny 指出，頭皮就像是人的另一張臉，長期接觸化學染燙產品的頭皮，也容易發生敏感、毛孔阻塞進而掉髮的現象，就算是沒有白髮的人，為了造型變化需求，也還是會選擇定期使用染劑，「因此，為了客人的健康，也為了幫客人維持亮麗與自信的外觀，全天然成份的植物草，就是一個用過了就回不去、兩全其美的方案。」

而 Vivian 也不諱言，雖然植物草品牌已存在市面上二十多年，但是在競爭激烈的髮品業界，仍然屬於高價位、普及度偏低的產品，「然而，植物草蓋白髮的效果、頭皮及髮絲養護的成效、以及客人體驗過的反饋，都讓我們深信，引進這個產品是一個能夠為客人謀福利、也為品牌加分的選擇。」Vivian 表示。

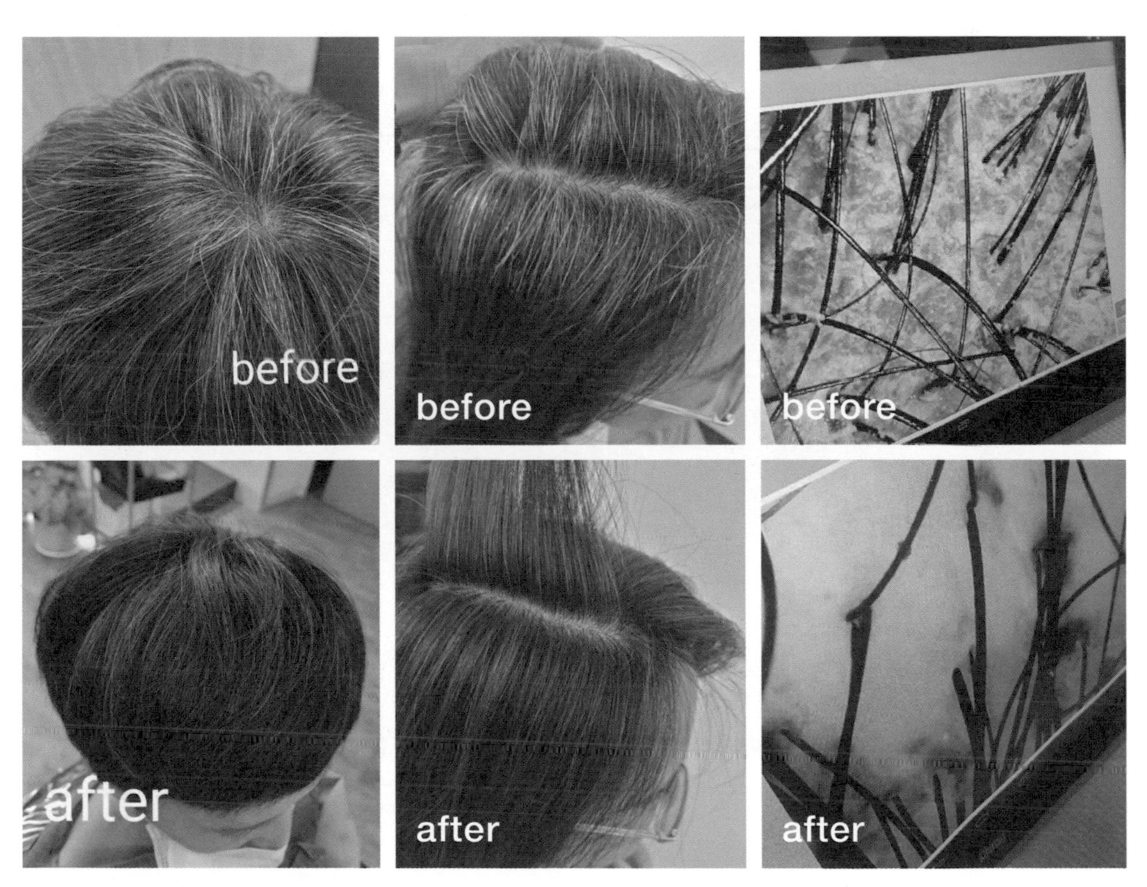


圖：來自日本的植物草品牌，運用百分百天然的植物成份，達到蓋白髮、養護髮絲同時讓頭皮更健康的多重效果

圖：Familia Salon的各角落充斥著清新的綠意，希望從空間、產品的選用到服務環節，
都能夠成為讓大家精神一振、走出店門容光煥發的正能量來源

圖：我們不會要求員工一定要成為一個外向健談的人，但是每個人，都必須找到展現自己特色的方式

## 細心的環節設計：高效率美髮、美容、美體三合一服務

「Joveny 跟我都在美髮沙龍任職多年，累積了一群一路跟著我們、沒有換過設計師的忠實客戶，我們認為，既然要自創品牌，就要明確地做出市場區隔，除了堅持使用最優質的產品，還要帶給客人更精緻、更上一層樓的服務品質。」Vivian 指出。

於是兩位資深美髮設計師 Vivian 與 Joveny，加上美容師 Sky，合作規劃了能夠在同一時間進行的美髮、美容、美體的三合一服務，讓忙碌的現代人，可以在有限的時間內享受到最全面的服務項目。

「在一般美髮沙龍進行頭皮養護療程時，等待產品吸收作用的時間，客人最常做的事情可能是跟設計師聊天、或是放空閉目養神等等，但是在 Familia Salon，進行植物草護理療程的一個小時內，客人可以同時享受美容護膚、芳療美體等其他服務，一個小時過去後，不僅頭皮煥然一新、放鬆因壓力而緊繃的身體，同時，臉部的氣色也會明顯提升，變得更加光彩照人。」Joveny 表示：「能夠在同一時間內，享受著頭皮護理和臉部護理或是身體舒壓，這對忙碌的現代人來說，是件省時省力，一舉兩得的事。」

將消費者追求美麗、健康與自信的需求，整合在同一個據點，提供全方位的服務，這樣貼心的設計，也讓 Familia Salon 真正成為了一個讓客人百分百放鬆的地方，每個人來到 Familia Salon 之後，都能夠更有能量、更有信心地去面對生活中的種種壓力與挑戰。

圖：Familia Salon 資深美髮設計師 Vivian(左)、Joveny(中)及資深美體美容師 Sky(右)

## 運用全人教育方針，培育店內生力軍

「從事美髮業二十多年我們也觀察到，現在資訊流通快速，客戶的流動率相對也提升了，這對於有志從事相關行業的年輕人來說，要如何培養自己的客群，維持黏著度，會是一個很艱鉅的考驗。」Familia Salon 創立的初衷，也隱含著踏實傳承的意味，Vivian 跟 Joveny 希望不只能夠傳承技術，還要用培育幼苗的全人教育視角，協助新進員工發掘自己的特質與優勢、找到明確的定位，成為客人心中獨一無二的存在。「技術可以累積，也是可以被取代的，但是客戶的忠誠度，通常是來自欣賞與信賴設計師的特質，跟設計師之間的互動能夠找到共鳴與火花，這才是作為設計師最核心的價值。」Joveny 表示。

「而要跟客人找到共通的頻率，就必須先對客群屬性有基本的認識。」Vivian 補充說明，從之前在台北東區的美髮沙龍任職，到創立 Familia Salon，面對的客群屬於中高收入階層，包括企業老闆、主管及金融從業人員等，這些人對於財務投資、人生規劃、自我實現等議題都有自己的見解。「因此我們就會從財商、心理學等領域切入，客人也會跟我們分享投資策略及成果等，由此就能建立更深層而熟悉的互動關係，而不是只能聊護髮、美髮之類的話題。」

除了精進充實美髮相關的知識與技術，Vivian 跟 Joveny 都會勤於充電學習，來深化自己在各種領域的見解與想法，她們也將同樣的理念運用在培育員工當中。Joveny 表示，在訓練新進員工時， Familia Salon 會特別強調「特質的展現」。「我們不會要求員工一定要成為一個外向健談的人，但是每個人，都必須找到展現自己特色的方式。為了幫助大家發揮自己的特質，我會應用美國心理學家馬斯頓的 DISC 人格特質分析法，來歸納最適合每個員工的溝通模式，讓大家適性成長，找到發光發熱的舞台，也是 Familia Salon 的使命之一。」

不只是教技術、讓員工學習應對，Familia Salon 像一個互助互信的家庭，而 Vivian 跟 Joveny 就像是家長一樣，在各個層面悉心地培育員工，「讓員工們培養出自己的忠誠客戶群，用好的產品提供最精緻的服務，對員工、品牌及客戶而言可以創造一個三贏的局面。」

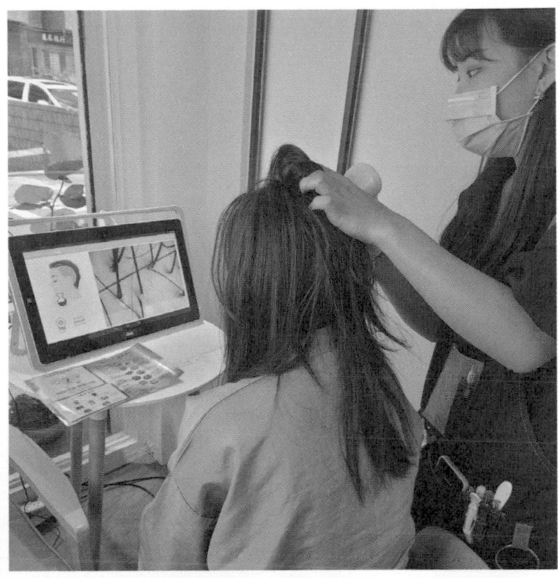

圖：Familia Salon 的團隊由資深美髮設計師，帶領著一群
實力堅強的員工所組成

## 壯大品牌影響力，讓善與美的種子傳播到每個角落

「Familia Salon 的任務，除了要用純天然的產品，照顧客人的健康，另外一個重要的目標，就是要在我們能力所及的範圍內，讓品牌的影響力擴散到其他需要幫助之處。」Joveny 表示。Familia Salon 除了提供美髮、美容及美體的綜合服務項目，也為照顧弱勢兒童的伯特利全人關懷協會，以及輔導身障人士就業的領航弱勢族群創業暨就業發展協會，提供經濟及專業諮詢方面的協助。

「來自困苦、高風險家庭的孩子，或是身心狀態導致就業選擇有限的人們，如果不是這些公益組織提供整合性的關懷資源，加上外界人士的援手，他們的生活真的是無以為繼。」Joveny 指出，2017 年，當她首次訪視位於五股的伯特利全人關懷協會時，心裡感受到的震盪久久不能釋懷：「沒有辦法想像身處二十一世紀的台灣，還會有孩子們三餐吃不到肉類，需要那樣節衣縮食的過生活。從那之後，我就會固定去訪視伯特利協會營運的狀況，也會跟客人們傳遞相關訊息，同時寫部落格，希望幫忙招募更多的善心人士。」

而 Familia Salon 能為這些弱勢族群帶來的援助，也不僅只是盈餘提撥捐款：「我們想做的其實是幫他們翻轉階級、翻轉人生。」Joveny 舉例說明：「例如我們平時有在進修財商投資的知識，就可以把基礎概念傳承給孩子們，原生家庭無法給他們的財務規劃概念，就由我們來給予。此外，店內也會提供就業及實習機會。」

Famlia Salon 的誕生及營運規劃，背負著多重使命：「對客戶，我們給予最徹底的身心紓壓養護服務；對有志入行的新人，Familia Salon 願意肩負著大家的未來一起往前走；而對需要幫助的人們，我們希望能夠成為一股讓他們勇敢前行的力量。」Vivian 表示：「如果心中只有單純的商業利益考量，就算創辦了品牌，最多也只能賺到錢而已，創辦人需要有更堅定的使命感，才能真正展現品牌的永續價值。」

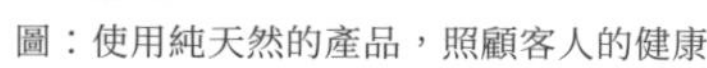

圖：使用純天然的產品，照顧客人的健康

圖：Familia Salon 藉著公益筆記書為協會籌措經費，同時讓身障者有工作機會

## 給讀者的話

創業的奧義，在於要喜歡自己做的事，如果僅僅為了營利，時間一長，你會發現心中的動力與熱情，可能不足以應付創業所帶來的種種變數與壓力。此外，不管是美髮或美容美體從業人員，都需要維持長久的專注力與充沛的體力，雖然許多人都是在年輕時就入行，但也要提醒大家，不能恣意燃燒「年輕」這個本錢，睡眠充足、飲食均衡、少接觸化學物質，這些基本到不能再基本的原則，都要身體力行。

## 品牌核心價值

Familia Salon，是一個客人可以在此安頓身心、一站式享受美髮、美容及美體三合一服務的加油充電站，也是入行新人可以適性自在發展，尋找探索個人特質的友善職場，更是接住、支援社會弱勢族群的一股力量，讓善的能量藉由 Familia Salon 的存在，得以循環不息。

## 經營者語錄

「分享美，傳播愛。」——Familia Salon 創辦人 Vivian

「健康美麗，幸福生活。」——Familia Salon 創辦人 Joveny

**Familia Salon**

公司地址：臺北市大安區四維路 106-1 號

聯絡電話：02-2704-0688

Facebook : Familia Salon

Instagram : @fami.lia_hair_salon

Line: @080auper

# 包棟民宿 衡定理台南安平

圖：無論軟硬體皆由公司獨家設計、推出，同時提供民宿代管營運服務

## Powered by 衡定理管理顧問

「衡定理」中文名稱源自於「平衡定理」一詞，英文名稱則縮寫為「HDL」，分別是「Hospitality 懷抱熱情從旅宿業出發」、「Dream 實踐夢想」、「Life 完整生活」，期許在家鄉台南扎根、實踐夢想並拓展到世界的同時「事業版圖及家庭生活」也相對平衡完整，勿忘初心，活成自己喜歡的樣子。

## 從旅宿業出發，來實踐夢想、完整生活

曾任旅宿業專業經理人、行銷總監 Rain，因前公司受到疫情影響而與同事、下屬同時被資遣，為了當時所有夥伴的生計決定直接創業，與金融證券業高層及目前在加拿大的執業藥師共同出資、於 2021 年 7 月 9 日正式成立「衡定理管理顧問」。核心團隊的組成不單有上述兩位，更有曾任日本滑雪場飯店的館長、空拍平面攝影 RK 事務所等各領域高手並懷抱夢想的年輕人。對 Rain 而言，創業除了讓夥伴與自己發揮自身專業與價值、實踐目標，更是場社會實驗；他想知道全由年輕人組成的新創公司，到底可以做到怎樣的程度，讓全台灣人不再看出生背景，而是看見白手起家、為了夢想而拼命的他們。而「衡定理管理顧問」也確實在短短一年就讓不少台灣人看見，並持續發光發熱！ Rain 接著指出，其實現在台灣給年輕人發展的空間並不多、薪水也不高，所以年輕人只能離開舒適圈、靠自己努力苦幹實幹，闖出屬於自己的一片天。

圖：精緻漂亮的空間，獲得眾多客人的好評

圖:「衡定理管理顧問」由負責人暨行銷總監劉佾艷Rain（左）；橫跨金融證券界、衡定理財務長涂皇任Brian（中）；加拿大執業藥師、衡定理品牌長陳妍蓉 Yoko（右）共同出資打造而成

## 不是只是民宿而已

「衡定理管理顧問」其實並非專營民宿而已，更因結合夥伴各項專長、提供多項超乎預期的服務。例如：旅宿業所需的天然精油沐浴產品，由「衡定理管理顧問」品牌長 Yoko 協同「彩富實業」與「台灣大安生醫」共同研發、獨家推出，申請日本專利並進行歐盟有機認證，這是只有身為藥師才能發揮的專業；衡定理財務長 Brian，主要負責投資風險評估、資產配置規劃，溝通於銀行之間，進行財報分析並撰寫青年創業計劃書等；而本身對室內裝修設計有興趣的 Rain，每日跟著工班師傅工作到晚上，紙箱席地一同睡在工地，果然不到半年時間，便將繪製於腦海中的設計圖於 3 棟民宿中落實，加上他是學廣告出身，無論是 Google 關鍵字廣告或臉書社群平台廣告投放均親力親為操盤。Rain 強調，年輕人沒有資金財力，全是與夥伴徒手一點一滴實踐，所以，只要願意做必定都有機會。

Rain 特別分享，在公司成立後便立即與事業夥伴「RK STUDIO」攜手於嘖嘖募資平台上架首項產品：「Beyoung 渣男退散 - 女性私密處清潔慕斯」，舉凡從產品設計和測試、國內外相關專利認證、形象包裝、文案內容、照片影音拍攝與廣告投放等全由夥伴共同打造。而當初只設定 10 萬達標金額，最後更是超過 71 萬元、710% 的達成率，熱銷至今。在團隊努力下「衡定理管理顧問」不單操持民宿業務，而是集結每位夥伴不同領域的專業，無論軟硬體皆由公司獨家設計、推出，同時提供民宿代管營運服務。

圖：Rain 與曾在日本飯店擔任館長、日語 N1 級合格的共同創辦人吳禹賢 Cosine，以日本職人精神貫穿全體同仁，同時也提供全日文導覽服務

圖：「衡定理管理顧問」同舟共濟的事業夥伴「RK STUDIO」，由空拍師賴睿澤 Roger（左 2）、平面攝影師李孟庭 Katrina（右 1）組成，包辦所有空拍攝影、平面影像創作

## 創業之路感謝貴人提攜相助

另外，Rain 很感恩一路上諸多貴人的幫助。在草創時期，原熟識的彩富實業董娘相當肯定他的能力，因此大力相挺、協助開發洗髮沐浴、私密處清潔等產品，從不提研發費，只收取製造費；另一只接五星級酒店案子的棉織品工廠董座、也同樣看好 Rain 的創業發展，因此特別提供高端床單、被巾等相關備品；在創業貸款方面，由財務長 Brian 引領協同 Rain、親自向銀行真誠地表達公司未來發展方向，果然也受到銀行支持。

Rain 再次強調「危機就是轉機」，只要是懷抱永不放棄、正向積極的態度，且不斷努力地向前邁進，相信定能感動他人，甚至進一步相助；即便還沒被看見，也用不著害怕，因為必定會有人看見的。為了團隊的將來，無論多晚睡、凌晨 4 點一定準時起床的 Rain，表示自己在創業的過程，是團隊中最戰戰兢兢的一位，如有怠惰，團隊的下一餐在哪？然而，正是因爲這樣的使命感使然，所以更積極奮力往前跑。之後他還要就讀國立屏東大學文化創意產業學系碩士班，期許將所學帶回公司，進一步擴大佈局。

圖：孝親房是「衡定理台南安平包棟民宿」獨有的特色之一，受到不少客人的熱烈回響

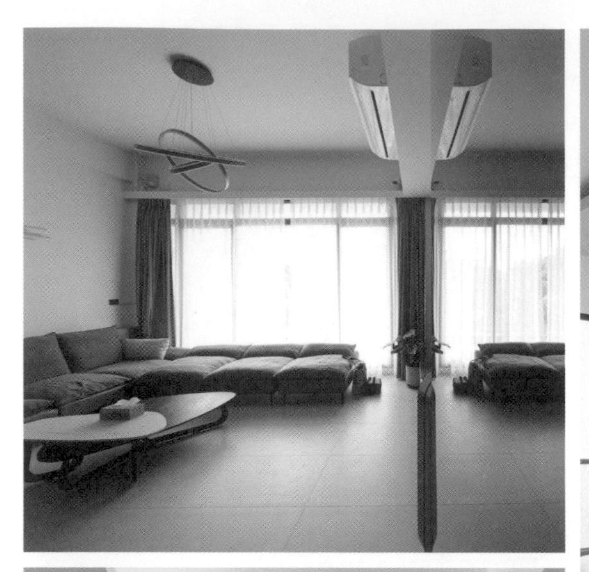

圖：現今大環境對年輕人並不友善、即便自己再有才華也可能因各種因素被消耗。Rain 希望透過「衡定理管理顧問」這個大舞台，提供有才華的年輕人一展長才

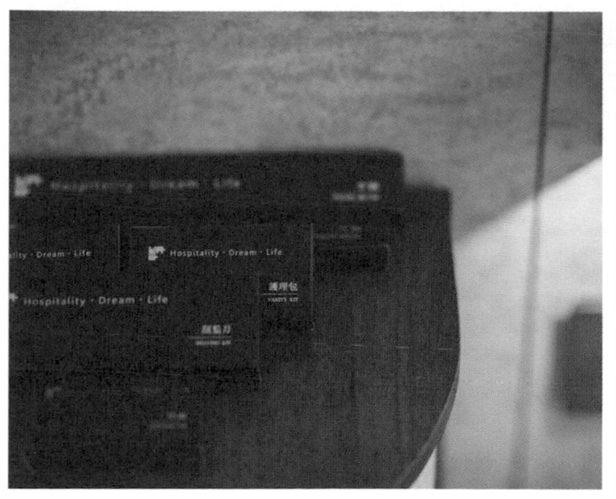


圖：「衡定理台南安平包棟民宿」所有備品皆由公司研發設計

圖：這一年多的創業歷程共同成就這麼多事，讓 Rain 和夥伴們感到格外驕傲，也感受到無遠弗屆的團隊力量。未來會持續深耕，挖掘更多不一樣的可能，以成就彼此夢想、完整自己的人生

## 「孝順」是最主要的品牌核心價值

Rain 特別強調，品牌的核心價值、企業理念就是「孝道」，無論從事什麼行業，一定都要記得孝順，這會成為協助企業發展最重要的無形力量。因此，通常一般物業的 1 樓皆為車庫，但在「衡定理管理顧問」民宿當中，均特別裝修設計為孝親房，方便三代同堂旅行，而且該有的設施、設備一應俱全，不像其他民宿宛如倉庫一般，而這樣貼心的服務設計也感動所有前來住宿的旅客。

## 品牌未來規劃

未來規劃在兩年內前進加拿大經營房地產業、規劃包棟民宿、開發加拿大精緻遊程；四年內進軍日本，同樣經營房地產業、包棟民宿遊程。期許在世界各地為年輕人播下奮鬥的種子，深植到團隊每個人心中，一起讓「衡定理管理顧問」朝向國際化邁進，讓團隊的夥伴們找到屬於自己的價值及位置。

### 給讀者的話

做什麼事情之前，絕對不可忘記「孝道」只要依循著「孝心」的理念而走，光明就在前方。

### 經營者語錄

「團隊就是公司最大的資產，絕對不要輕忽對每位同仁的言行。」「危機就是轉機，讓每位旅客的住宿體驗期間就像在談一場戀愛。」

### 衡定理管理顧問

公司地址：台南市安平區世平五街 67 號 5 樓

聯絡電話：0903-368-129（顧問業務）、0908-331-857（民宿預訂）

Facebook：衡定理管理顧問、衡定理台南安平包棟民宿

Instagram：@hdlbnb

# 熊追貓民宿
# 台東貓追熊

圖：台東貓追熊民宿不只是民宿，更是大人小孩的遊樂園

## 大人小孩的遊樂園

「台東貓追熊 & 熊追貓民宿」2015 年開始落腳於台東市區，期許每位前來的大小朋友，在這裡找到讓自己放肆玩耍的童話樂園。

---

## 因一個契機開始民宿夢想

2011 年台東縣縣長黃健庭積極推廣熱氣球嘉年華，讓台東觀光產業發展欣欣向榮，而當時老闆賢伉儷的孩子正好出生，加上台東後山工作機會有限，所以決定把握這波觀光順風車，將多間房間改裝，以民宿後方偌大腹地的庭院、河堤作為好山好水慢活主題，正式開始營業；期許讓每位來訪的旅客都能好好放鬆、充電，返家後重新迎接自己的生活。而將兩棟民宿命名為「貓追熊」與「熊追貓」，訴求好記、童趣、繞口與歡樂的響亮名稱，希望能在搜尋台東民宿時得到顧客青睞的第一印象。

## 讓客人將歡樂滿載而歸

起初，因為前來台東的人數多、但旅宿不多，因此客源可說是源源不絕，之後因為民宿競爭越來越激烈，加上台東以庭園、大自然景觀為主題的民宿為數不少，進而讓老闆夫婦意識到位在市區的民宿，必定要做出市場區隔，才能在台東多間的旅館民宿業中創造藍海。於是，趁著孩子出生進而接觸到兒童相關市場，並特別前往台南、新竹、宜蘭等地的旅館考察，將相關體驗與自身民宿特色相結合，發揮民宿庭院的最大服務效益，以孩童觀點出發、遊樂園概念作為主軸，讓每位前來的客人不僅能感受到台東的好山好水，也將台東貓追熊、熊追貓民宿的歡樂滿載而歸。

運營至今，除了一開始即有的專屬 Logo 與視覺形象等品牌化經營，之後也逐漸擴充空間、設備，朝向更精緻化的方向發展。民宿內場域依年齡層與與風格不同，讓小朋友可動可靜，目前三個館內皆有 5-10 坪的室內空間，且設有多項 DIY 體驗的遊戲設備，也有專門的漫畫區、大型恐龍、電動車、電動遊樂器等；而半室外空間則有溜滑梯等遊樂器材、戶外空間更設有孩童專屬賽車場、沙坑等。期許多元化服務更符合各年齡層需求，小朋友的成長只有一次，讓父母與孩童一起同樂、促進彼此交流，享受幸福的親子時光。

圖：台東貓追熊、熊追貓民宿充滿小朋友的歡笑和純真，讓工作夥伴充滿活力

## 親子民宿運營成本較同業高

雖然以親子民宿作為主軸確實做出市場區隔，但其實不少設施設備維護不易且所費不貲，加上台東確實地處遠，因此運營成本也高出許多。為了讓小朋友玩得盡興往往一天就有 3、4 台賽車需要維修，小朋友開著四處衝撞競賽，造成車子傷痕累累再所難免，但卻也換到小朋友的笑聲和回憶，所以台東貓追熊、熊追貓民宿在維護設備上也盡量親力親為，以便隨時保持民宿出車率營運高能量，背後默默付出專業的工作人員功不可沒。另一方面，親子民宿注重管家們跟小朋友的互動，因此，會特別設計闖關活動、交換小禮物，希望讓家長與孩童都能有賓至如歸的感受，並降低商業化氣息。

爸爸媽媽們挑選親子民宿，看重的除了有能讓小朋友放電的遊樂設施外，整潔與衛生絕對是評分選擇的重點項目。Covid-19 疫情下，台東貓追熊、熊追貓民宿的消毒防疫措施也更為嚴謹，嚴重時期甚至贈每房一支快篩劑，場地越大設施越多細節越多，以至於在人力成本上超越其他主題民宿，「能得到客人的好評是我們持續努力堅持經營方向的動力。」老闆表示。

上圖：台東貓追熊、熊追貓民宿設施設備眾多，定期維護隨時保持高營運能量是基本課題
下圖：民宿最重要的還是與客人間的互動。持續聽取客人的建議改進，是台東貓追熊、熊追貓民宿不斷進步的原因之一

圖：以「遊樂園」作為主題，並不斷創新、為父母孩童提供賓至如歸的貼心服務，是台東貓追熊、熊追貓民宿最主要的優勢

## 遊樂園主題民宿就是最大的優勢

台東貓追熊、熊追貓民宿市場定位明確，就是主打親子客群、打造成親子專屬的遊樂園。官網中將所有的設備設施介紹地相當詳盡，像是無須另外付費的沙坑與將近 50 輛的電動車、只要 1 塊錢的遊樂器材、逛超級市場、角色扮演等扮家家酒遊戲等等設施一應俱全，後來也引進可口可樂機，讓台東貓追熊、熊追貓民宿形象更具國際化，每年同時也會新增各式全新設施以維持優勢。不過，再多的設施設備，皆要具備安全性，這也是台東貓追熊、熊追貓民宿最基本的要求，因此室內空間設計都具封閉性，且全區設有自動監控；此外，當然不單單只在硬體上創新，在服務上做到細緻周全、價格也相較其他親子民宿更具競爭力、民宿地理位置又位於台東市中心，而上述這些優勢，也確實讓其他民宿業者仿效起來相對而言不容易。

民宿內部設計完全以親子主題出發，像是房間皆設計成和室的房型，讓孩子在翻滾、跑跳上會更為安全；而哺奶器、消毒鍋、嬰兒澡盆、媽媽椅，甚至按摩椅、美型運動機等設備皆一應俱全，若要冰副食品也有特別規劃區域，就是要讓每位來訪的客人都能好好放鬆，擁有快樂與幸福。本身也為父母親的老闆賢伉儷相當了解爸爸媽媽與孩童的需求，同時也會聽取客人及親朋好友建議不斷改善，並會前往各地旅館住宿、吸取相關優點，讓台東貓追熊、熊追貓民宿軟硬體服務上皆能更加完善。

圖：「讓父母的愛與孩子的歡樂在這裡發生」，是台東貓追熊、熊追貓民宿最主要的品牌核心價值

## 品牌未來規劃

未來老闆表示將持續保持親子民宿的初衷，放肆玩耍讓爸爸媽媽也回到童年，也順應時代的科技與流行引進全新設備，持續提供創新的服務；還有本來已規劃好、但因疫情關係而暫緩的複合式親子館計畫，以及設計親子包套遊程，讓每位爸爸媽媽與孩子每年固定前來住宿休憩，皆是未來主要致力發展的方向。

圖：無論是疫情前後，台東貓追熊、熊追貓民宿始終最重視的基本核心就是「安全」與「清潔」

目前老闆暫不考慮開放加盟，因為所需投注的資金確實比其他民宿來得高，人才培育也不容易，經營後固定成本維護、品牌名聲維護等等因素，使得民宿不太可能完全複製。不過，現在台東貓追熊、熊追貓民宿已經申請品牌名稱專利，期待未來到外縣市直營分館，給予每位到來的客人相同的品質與感受。

圖：台東貓追熊、熊追貓民宿每年會新增各式全新設施以維持優勢，但是再多的設施設備皆要具備安全性，這也是最基本的要求

上圖：民宿開業這八年間，曾有客人來住過 6-7 遍，或一年就來 2 次。所以當有客人回訪發現民宿牆上有他們的照片都相當驚喜，創造彼此美好幸福的回憶
下圖：讓父母能夠無後顧之憂，安心地讓自己的孩子在園區中盡情玩耍，也能夠輕鬆無負擔地放鬆與休息，享受台東美好行程

## 給讀者的話

「戲棚下站久了就會是你的」，如果在草創期時遇到困難，不創新不嘗試而放棄了，就不會有現在的「台東貓追熊、熊追貓民宿」，老闆強調，不管從事哪個行業，一開始都要親力親為，並且持續堅持、相信自己的方向；畢竟剛開始創業時，老闆必定是最辛苦的，薪水不比員工高之外，還有貸款利息、水電費、雜支，更有行銷公關費等成本支出，甚至連設備維修失誤等經驗學習成本也得加以考量，而上述這些都是尚未成為經營者前皆需先設想到的。再者，以現在大環境來看，無論是疫情或通貨膨脹影響，在接下來的經營上恐怕更不容易，但只要方向正確、認真執行，好好控管金流、減少開支，凡事親力親為，持續改善、做出更精準的決策，便能讓自身保有競爭力、穩定經營，也能培養出自己的團隊，並逐步達到一定規模，在市場上佔有一席之地。

其實每個創業者都會有自身優勢，只要認真努力，站穩自己的腳步、不斷自我提升，持續帶給客人創新的服務、美好的體驗，相信都會在產業界闖出一片天，客人一定都會看見、持續回流，即便他人仿效也不會被超越的。

圖：台東貓追熊、熊追貓民宿深信只要不斷創新，客人就會源源不絕，更會成為親子玩樂、休憩的最佳樂園

## 經營者語錄

來到「台東貓追熊、熊追貓民宿」不僅是來住民宿，更彷彿來到親子遊樂園，爸媽放鬆、小朋友輕鬆樂活。小朋友的成長時光，貓追熊陪定了！

### 台東貓追熊、熊追貓民宿

聯絡電話：0963-735-915、0963-735-617

民宿地址：台東縣台東市豐榮路 90 巷 36 號、38 號

官方網站：https://www.taitungbb.com.tw/

Facebook：台東民宿貓追熊台東親子民宿推薦溜滑梯沙坑賽車

# Let's Play
# 全台最會玩的桌球聯盟

圖：Let's Play 是非常口語、容易親近的名稱，我們想呈現的是這裡很快樂、很好玩

## 桌球的非凡之路：從天命蛻變成使命

經營 Let's Play 新創公司的二位關鍵靈魂人物，郭則寬先生，是創辦人兼執行長，負責公司的整體發展策略及未來成長目標與方向的規劃；林政蔚先生則是公司事務的營運長，將公司內部每天的日常管理系統，營運細節進行制度化的管理。郭則寬與林政蔚就和所有體育人的生涯歷程一樣，不斷的精進球技與追求成績；感念於今日桌球生涯的成就是來自於父母無悔的付出，郭則寬與林政蔚創業正是為了回饋家人而持續向前；家人，是他們邁向非凡成就的原動力。

## 適度的野心，補足市場的缺口

營運長林政蔚分享：「當時透過朋友的引薦認識了阿寬，我們各自經營著自己的桌球館，因為都曾歷經失敗，在一次偶然的會下交換經驗後，我們不約而同地希望一起把這個市場做大，以企業的身份來幫助這個產業。」，台灣運動市場的發展不如預期的蓬勃，兩人看見了市場可以更好的面向與發展空間，於是達成共識一同創業。

圖：不管是大人或小孩，只要來到 Let's Play 都能輕鬆自在地玩樂

Let's Play 創辦人郭則寬，22 歲創業至今已有六個年頭，沒有學過行銷卻比其他人有更多行

銷想法，比起身邊同學利用在學期間兼職教球，他把時間放在學習上，如聽演講、上培訓課程、加入商會提升思維。「其實起初並沒有想當老闆的念頭，畢業後成為業務的期間從經營之中養成組織、管理、行銷能力後才有創業想法。開設了第一間球館後我意識到自己能很快察覺消費者的想法，比如發文前會思考消費者需要看到什麼？該如何讓他們認同球館理念跟課程內容？而不是中規中矩的宣傳廣告。」

「做不起來、還沒有人做起來，這是身為一個創業者會思考的第一題；而身為一個企業家會看見第二題，關於桌球市場上現在沒做到的，Let's Play 正在開發的道路上。」談及把生意擴大乃至進一步發展成品牌的契機，箇中原因是看見運動市場的缺口：

**市場沒有易辨識的主流品牌**

相較健身房趨於成熟的市場，桌球並沒有具規模的連鎖品牌，Let's Play 希望透過聯盟效應烘托影響力，逐漸將桌球風氣擴大而躋升主流。

**不透明、不友善的市場現況**

每個練桌球的人職涯出路不外乎是教練，卻很難在這個競爭市場長期生存，不論是運動中心或私人球館也沒有升遷制度；而隨著年齡的增長、體力下降，被後起之秀追上是必然、被淘汰更是不可避免的；所以 Let's Play 對於夥伴的角度來看則是能提供創業管道與升遷制度的企業。

**守舊的模式並不受市場青睞**

獨立小型的球館缺乏活動經驗與新創的模式，但 Let's Play 在市場上已經非常有經驗，透過參與聯盟響應節慶活動，也會更容易撼動市場，創造更多人流。

圖：創辦人兼營運長郭則寬（中）、營運長林政蔚（右）與他們的人生導師 Ken 哥（左）合影

圖：品牌光鮮亮麗的背後是團隊一次次開會、檢討，不斷改變的成果

圖：Let's Play 除了提供桌球教學、VIP 包廂租借等服務，也提供品牌周邊商品選購

上圖：Let's Play 營運長林政蔚
下圖：Let's Play 創辦人兼執行長郭則寬

上圖：結合 MR MIX 科技的新穎模式，將引爆全新的桌球風潮
中、下圖：VIP 包廂，致力提供讓人們辦派對聚會、下班後輕鬆談事情的全新空間

## 即便是競技好手，娛樂才是他們最想保留的桌球精神

在郭則寬與林政蔚的眼中，最在乎的是想為學員創造更好的環境。回想起過往學校講究進步、成績的嚴肅氛圍令人窒息，正因為自己不喜歡，所以更確信Let's Play輕鬆快樂、舒服的定位。「有別於“某某乒乓”的方式命名，Let's Play 是非常口語、容易親近的名稱，更是發自內心想要帶給所有人的精神。我們想呈現的是這裡很快樂、很好玩，而我們的教練也可以又專業又好玩！。」營運長林政蔚分享。

Let's Play 更娉請軟體工程師設計出專屬桌球的競技遊戲，導入 MR MIX 科技化互動技術投影在桌球桌上，「就像是打飛鏢機一樣以遊戲的理念來設計，所以不一定要很會打桌球，也可以來玩遊戲！」郭則寬說。

而引領業界的 VIP 包廂規劃，是他們進行市調後才發現大眾對獨立空間的需求非常高，也反映出現行桌球館的盲點：「為什麼打桌球都是共用空間？」這給了他們一個跳脫框架思考的機會，「就像人們需要一個空間唱 KTV，那為什麼不能在桌球館唱？我們的 VIP 包廂設置座位區，致力提供可以讓人們辦派對聚會、下班後輕鬆談事情的全新空間！」字裡行間在在呼應到他們最核心的觀點：桌球可以帶來很多娛樂，讓原本只能打球桌的空間變得更彈性。

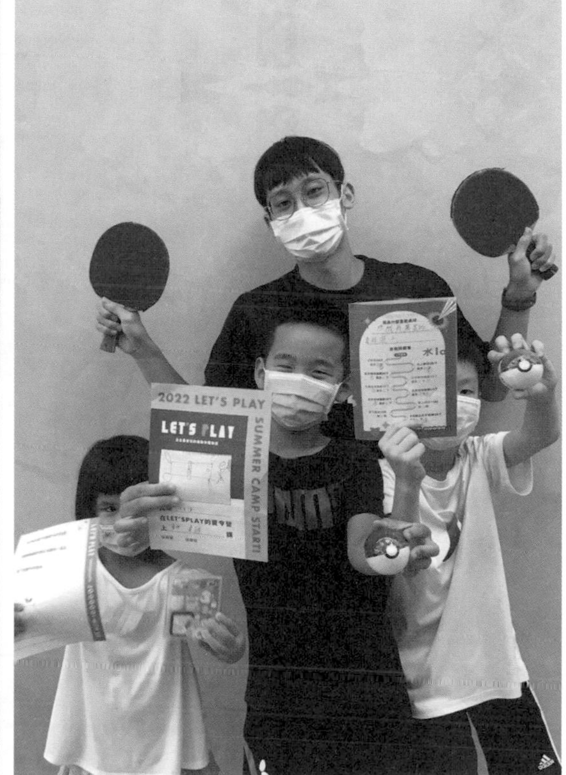


圖：「JO ！」是贏球時都會喊出來的一個字，因此 Let's Play 的品牌 Slogan 為「JO 起來玩一下」

圖：透過前輩學長江宏傑（右 5）的牽線，與全明星運動會合作，甚至組了一個由藝人祖雄隊長帶領的 Let's Play 藝人明星桌球隊

圖：2021 年剛完成品牌再造，恰逢江宏傑合作開設球館，順勢成立南港館

## 品牌企業化絕非浪漫，而是名為理性的挑戰

「要做桌球品牌很容易，但是市場規模很小；如果是運動休閒品牌，規模就夠大了。」郭則寬分享他的觀點。處在品牌白熱化時代，擁有品牌形象就能優先獲得大眾信任，更能接到企業級別的主動邀約與活動企劃。自從兩人將格局與規模升級後，與業界產生差異化服務，並承攬專業比賽的辦理、承接場館經營、為專門海外升學的學校開設課程，提供大型企業教學、團建等等。

但實現品牌企業化這條道路，讓兩人經歷了不少苦頭，雖然他們握有差異化經營和全新商業模式的想法，但如何實踐來改變市場現況，才是現實中最棘手的課題。經營桌球品牌講究更多的是商務能力，不是商科學子的兩人，初期在邁向企業化有很多不完整，尤其在講究商業的硬核實力上，如文書、金融、會計都是他們所不擅長的，所以兩人花大把時間熬夜推敲，是每一天的光景。

「我們正在改變市場已經定型的狀態，創業者要思考維繫品質、系統化的教育訓練，與探索可以被複製的模組化，這是擴大經營必備的一套基準。」然而在擴大經營的途徑中，歷經制定準則、待人處事、生態改革、執行信念，到資金籌募全都圍繞在一個核心的挑戰：溝通力。如何說服新夥伴跳脫舒適圈，接受改革與挑戰、如何說服股東相信市場發展的潛力、如何和廠商配合，以上都是學問。

「只有自己了解品牌的潛力並不夠，重要的是要讓企業夥伴與股東看見並相信，人都是不好被說服的，唯有當我們堅定且持續帶頭往全新的領域前行，並付出行動實踐這份承諾，才會有人跟上。」不管是對人還是對錢，看似困難的事情最終都有解決的方式，這是郭則寬不變的信念。

資金也是一項沈重的課題，兩人淺談到：「品牌整合需要很大量的金額投入，比起談論概念更講究實際行動，而這與領導者的信念有絕對的關係，在我們設立明確的目標以後，我相信任何阻礙一定有克服方法！不論是銀行、融資、親友、開源，只要有心、有作為就能夠解決！」

上排圖：Let's Play 外派教學活動合影
中圖：Let's Play 團隊也承接超過 200 人以上的大型比賽與交流
下排圖：南港館環境，明亮通透的設計讓體驗的層次升級

圖：Let's Play 旗下團隊人數 40-50 人，目前持續擴大中

## 品牌的未來

目前 Let's Play 團隊規模約 40-50 人，中長期是以成為連鎖品牌為目標。郭則寬與林政蔚擬出具體的五年計劃，將以 Let's Play 運動休閒品牌持續擴大，並把版圖延伸到不同的領域，放眼全台灣的市場做佈局。

目前他們正積極整合內部制度，未來將開放加盟，以擴充店家數為目標向下扎根，並規劃百貨與車站的快閃活動，主動創造收益與關注。未來規劃則朝向精緻化的發展，將會成立複合式桌球旗艦館，並規劃獨立一層樓的桌球酒吧，進駐到各大城市和人潮多的地方，把桌球館帶進人們的生活圈。

圖：Let's Play 曾與許多藝人明星合作，圖為創辦人郭則寬與藝人林凡、祖雄合影

## 給讀者的話

若要在錢跟能力中選擇一個，我認為能力比錢重要，只要有能力就不怕賺不到錢；但人們往往會想到用勞力賺錢，卻沒想到固化的模式會逐漸讓自己在市場上失去競爭力。現在的人要有獨立思辨的能力，這對於領航者更是重要。

新世代的創業家是敢拼、創新、發展空間大的一群人。有些客戶會驚訝於我們的年紀，但同時會感覺到我們散發出的特質與不斷追求進步的態度；為了持續得到認同，我們更會把這件事做好、把驚艷轉化成肯定的動力。

圖：Let's Play 提供大型企業教學、團建等服務，目前 Let's Play 共設有五個場館供民眾現場體驗，期待大家都能享受桌球帶來的樂趣

## 品牌核心價值

我們的使命就是讓你來玩的每一分鐘，都感受到放鬆與樂趣；來到這裡你可以放輕鬆的玩、簡單的玩、隨心的玩，享受純粹的快樂！

## 經營者語錄

「一個人可以走很快，一群人可以走很遠。」

「成功的人找方法，失敗的人找藉口，沒有解決不了的問題。」

「之所以相信才會做到，而不是做到才相信。」

「100% 的人只有 20% 的人會執行，只要有想法就去行動吧。」

### Let's Play 全台最會玩的桌球聯盟

產品服務：教學、租桌、販賣器具、外派教練（學校 公司 企業 政府機構）、承攬專業比賽與桌球活動辦理、承接場館經營、大型企業教學、企業團建課程與活動、VIP 休閒空間租借

公司地址：台北市南港區南港路二段 141-1 號 1 樓

Facebook：Let's Play 全台最會玩的桌球聯盟

Instagram：@lets.play2018

# 職男の捲店

圖：2021 年 4 月疫情正嚴峻之際，職男逆向思考創立品牌

"職男の捲店"
- SINCE 2021 -

## 難以複製的美味，肉桂捲的心動秘方

吃上一塊熱騰騰且保有百分百美味的麵包，對大部分忙碌的人而言，可說是一種難得的小確幸。現在，這個小確幸變得稀鬆平常，三位不同領域的職男，努力專研，找出一個能隨時隨地吃到熱騰騰、宛如剛出爐麵包的方式，他們創立「職男の捲店」，在網路和實體市場中掀起「麵包控」的討論熱潮。

---

## 「凍烤」捲麵包，創新作法逆襲烘焙市場

談起如何能隨時吃到新鮮好吃的麵包，又不需要緊盯麵包店的出爐時刻，職男分享他們專研許久的秘訣和原理。職男表示，大部分的麵包從出爐開始，便會因為澱粉老化流失水分，使得口感不佳，但如果能將麵包冷卻後，立刻封膜送進冷凍保鮮，等想食用之時，將其加熱，就能以更方便、簡單的方式吃到宛如「剛出爐」的麵包。

最初，許多顧客對於冷凍麵包有錯誤的印象，認為冷凍麵包都是工廠大量製造且不夠新鮮，但在嘗試職男手工製作的捲麵包後，卻是大為驚喜，馬上被美好的滋味與鬆軟適中的口感給圈粉。

職男說：「我們的烘焙師大學就讀烘焙管理系，他有感於台灣的烘培領域，大多聚焦於技術層面，為了想學習更多烘培的知識和學理，畢業後他前往日本進修。那段時間，他不僅發現凍烤麵包的好處，也將日本烘焙業的工作流程、產線規劃、時間管理等秘訣一併帶回台灣。」2021 年 4 月，職男の捲店正式成立，希望發揮日本職人的極致精神，以充滿療癒感的手做麵包，帶顧客體驗最暖心的美味。

圖：令人食指大動的大蒜起司奶油捲深受台灣人喜愛

職男の捲店產品口味不算多，但個個都是經典，目前有四種固定口味：經典核桃肉桂捲、焦糖勁濃肉桂捲、花生奶酥可可捲，以及超合台灣人胃口的大蒜起司奶油捲。以網路高人氣的肉桂捲來說，職男在麵團的挑選上，選擇口感鬆軟卻不失麵包感的布里歐麵團，並且會以蜂蜜調製的肉桂奶油醬，緩和肉桂的刺激香氣，食用時較不具粉感，口感也更溫順。

「許多人在創業初期，最頭痛的就是產品開發，以我們而言，我們會一起發想與討論，以烘焙師的想法作主軸，尋找台灣人喜愛的麵包口味。」職男表示，除了固定口味，他們也會根據季節和節慶推出限定口味，今年中秋節推出「柚香金沙蛋黃捲」，特選時令台灣文旦混合日本柚子，能吃到清爽柚香及蛋黃，成為中秋禮盒戰場中，不能小覷的新品項。

圖：職人精神手工製造捲麵包，藉由冷凍原理，完美保存麵包的美味

圖：職男曾前往日本烘焙業取經，希望發揮日本職人的極致精神，以充滿療癒感的手做麵包，帶顧客體驗最暖心的美味

圖：職男の捲店致力於提供烘培師更友善的工作環境，翻轉高工時、低薪資的產業樣態

## 熱愛挑戰也具有承擔失敗的勇氣，烘培業的 Game Changer

儘管 2021 年 4 月台灣的疫情正是嚴峻的時刻，許多創業者都會先暫緩創業計畫，但職男反而逆向思考，相信疫情帶動的宅經濟，或許有更多未被看見的機會。草創階段，他們在新北市的汐止開立工作室，並透過網路行銷販賣，職男說：「創業時，我們每個人都是抱著不給自己留後路的心態，全力去做，我們熱愛挑戰，也有承擔失敗的勇氣，我們相信憑藉各自的專業，絕對能將品牌做起來。」

「成也合夥，敗也合夥」，是餐飲創業常聽到的一句話，成功的合夥能在經營中一起出謀劃策，承擔風險，另一方面，合夥創業也容易因為夥伴間的摩擦或意見歧異，導致失敗。由於職男の捲店共有三位創辦者，在創業的過程中，要如何取得共識並且避免不愉快的事呢？職男說：「我們都有一個心態，所有的事情或是錯誤都該共同承擔，因此若發生失敗，我們也不會責怪彼此，創業是一件好玩且熱血的事，若是失敗了，我們會努力轉換成另一種前進動能，而非怪罪夥伴。」

職男的熱血不只展現於美味的麵包，他們也可說是烘培業的 Game Changer（顛覆產業規則者），有感於台灣烘焙產業長期以來高工時、低薪資的產業樣態，因此他們希望能創造出更友善的工作環境，讓烘焙師兼顧生活品質，從事自己的所愛，職男の捲店有烘培業罕見的見紅就休制度，一天也只需要工作八小時，打造出台灣烘培業難得一見的工作環境。

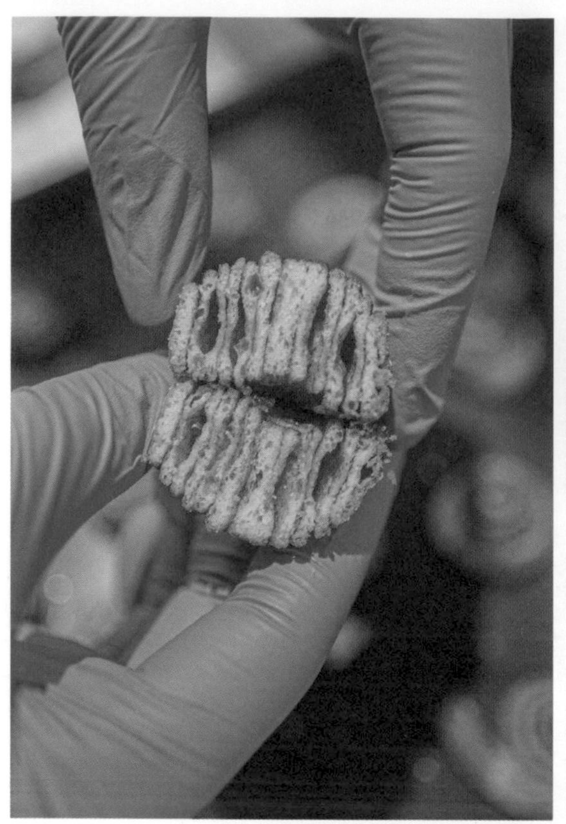

圖：麵團的選擇上，職男使用口感鬆軟卻不失麵包感的布里歐麵團

## 不厭其煩，傳遞捲麵包的幸福正能量

食用凍烤後的麵包在日本相當流行，相較於台灣，許多消費者仍不了解凍烤麵包的美味與好處。根據《歐洲臨床營養期刊》的研究發現，白麵包冷凍後再烘烤，升糖指數降低了 39%，並大大降低了血糖升高的高峰值。相較於一般的烘焙坊，職男の捲店需要花費更多的心力和時間，與顧客分享產品的特色與好處，以及回烤方式。

「對於顧客任何問題，我們都是不厭其煩地回答，希望確保顧客買回麵包後有正確的保存、回烤及食用，無論多晚的時間，當有顧客私訊詢問，我們都會第一時間回覆。」職男表示，從麵包、產品包裝到服務，他們都希望在各種看似不起眼的小細節中，將正能量和快樂傳遞給客戶。

職男の捲店成立短短一年，就憑藉令人難以忘懷的美味與絕佳的消費體驗，闖出亮眼成績，麵包捲的成功對於三位職男而言，只是初步的小小勝利，未來他們規劃在知名百貨拓展據點，並推出更多烘焙相關的餐飲品牌，相信屆時必定又會帶給顧客更多新奇的體驗。

圖：職男の捲店努力研發不同口味，並會根據節慶推出限定口味

## 品牌核心價值

「共好共善」是職男做任何事堅持的信念，永遠都為別人多想一點，更無私一些，讓每個接觸職男的夥伴與顧客，都能從中感受快樂與溫暖，成為更多人心中既酷又帶點甜蜜滋味的烘焙店。

## 給讀者的話

創業過程中，無法確定每個決策都是正確的，唯有重複經歷挫折與失敗，並持續檢討與反省，慢慢地，就會發現「不可能的事，都成了可能」，這也是創業的魅力之處。

### 經營者語錄

沒有什麼不可能，只有時間不等人。

### 職男の捲店

店家地址：新北市汐止區水源路一段 192 號

聯絡電話：02-2643-3344

產品服務：肉桂捲和多種口味捲麵包

Facebook：職男の捲店

Instagram：@ rollroll_bread

# 泰式料理<br>泰機車

圖：泰機車現階段的團隊是由兩對母子組成，毅正與媽媽、和合作夥伴家盛及其母親

## 品嚐幸福好滋味，令顧客怦然心動的泰式料理

沒有任何一種料理能比得上泰式料理，如此用色大膽，具有層層疊疊的香氣，從擺盤到口感都十分豐富。泰國料理對於台灣民眾而言，是個無可取代的存在，但在台灣，若想要吃上泰國菜，往往需要約上三五好友或家人，一起分享菜餚，少有能一人獨食的泰國餐廳。七年級生的王毅正堅持提供接地氣且平民化的泰式料理，讓人們不需千里迢迢飛到泰國，在台灣一個人就能享受美味的泰式料理，他憑藉數年的餐飲經驗，並多次到泰國學習，創立「泰機車 - 泰式料理」，短短六年就擄獲無數饕客的心。

## 澳洲打工意外發現對烹飪的熱情

大學畢業後從事醫療管理工作的毅正，原本跟餐飲八竿子打不著關係，但在醫院和服飾業工作多年後，2013 年他辭職到澳洲打工旅行，從事 Kitchen Hand 廚房助手的工作，讓他對烹飪有了第一次的「怦然心動」。

圖：毅正在澳洲打工時，擔任廚房助手工作，第一次出餐給顧客時，他體會到無比的成就感

「我在澳洲餐廳打工時，一開始只能切蔬菜或備料，沒有機會出餐，但隨著旅遊旺季的到來，顧客越來越多，餐廳老闆讓我自己嘗試出餐，第一次獨立出餐給一個家庭時，看他們把餐點全部一掃而空，我感覺好 shock，也在那一瞬間，我才

發現自己對餐飲的興趣。」回到台灣後，毅正無法忘懷當時的成就感，因此他決定砍掉重練，應徵喜來登 Sukhothai 的廚房工作，擔任「水腳」，從基層學習處理海鮮、洗菜備料和清潔廚房等工作，兩年多的工作時間，毅正像塊海綿，完整地吸收餐飲知識與經驗。「剛開始我在廚房工作，別人知道你是菜鳥，也會質疑你的能力，因此我格外努力，常常休息時間我仍在工作，也在師父的帶領下，我的廚藝能力很快就和其他人一樣有同樣的水平。」毅正表示。

圖：具有設計感的品牌和空間規劃，跳脫泰式料理的既定框架

## 從機車開始的迷你創業，泰機車的異國風情飄進仁愛市場

儘管毅正在喜來登 sukhothai 的工作表現受到同事和大廚的肯定，但為了提升能力，他選擇離職並花了三個月的時間，學習西餐並考取證照。回到基隆後，毅正面臨職涯的十字路口，他思忖著究竟要繼續找工作，還是自行創業呢？當時的毅正有些徬徨，但他也不想浪費任何時間，因此便毅然決然以「迷你創業」型式，將過去自己學習到的食譜和配方，搭配涼麵裝進外送箱，騎著機車，在炎熱的夏天賣起了「泰式涼麵」。但隨著冬季的腳步越來越近，泰機車的「泰式涼麵」也面臨到轉型的必要，剛好當時基隆仁愛市場的二樓美食廣場有空的攤位正在招租，毅正沒有多做考慮便承租店面，「泰機車」也沿用至今。

「如果以現在的創業建議來看，當時的我完全沒有做市場評估，也沒有任何週轉金，加上仁愛市場可謂是『基隆人後廚房』，許多店家都是十幾年的老牌，但不入虎穴，焉得虎子，我也只好在一個月內規劃好菜單、空間與相關設備。」毅正表示。因為急就章的開店，草創初期，泰機車從品牌設計、菜單規劃和餐點製作都不夠細膩，也讓泰機車有段時間，一天只有幾千塊的營收，乏人問津。草創初期，創業這件事對於毅正而言，有點像是越級打怪，常常讓他的內心相當沮喪。毅正說：「我發現過去在餐廳工作的思維，無法完全應用在傳統市場小店，有時我看到隔壁店家門庭若市的景象，也會懷疑自己的能力。」儘管如此，毅正仍努力調整好心態，告訴自己只能不斷努力，就算是跌跌撞撞，也要撐住。頭兩年，泰機車就在毅正戰戰兢兢的經營下，藉由市場的反饋，即時調整策略和做法，免除了被市場淘汰的危機。

圖：新鮮食材、用料實在，短短六年就擄獲無數饕客的心

## 泰菜結合台灣的便當文化，吸引公司行號團購

毅正認為異國料理為了符合當地人的口味，仍需做適當的調整，因此泰機車便依據台灣的便當文化，設計泰式口味的配菜及時蔬，將打拋豬做成便當型式販賣，也獲得不少上班族的好評，許多公司都會在上班時一起團購午餐。

儘管泰機車在仁愛市場漸漸有名氣，但有時毅正仍會收到一兩則評論，認為泰機車的料理不夠道地、過於台式。過去毅正收到這些評論，都會相當走心，但隨著他學習到的東西越來越多，疫情前每年也會到泰國深度學習，如今毅正對於負評的感受也不同了。

毅正認為泰國菜有著很廣的飲食文化，也結合不同民族的風格，即使在泰國本地，曼谷和清邁的料理味道就有顯著的差異，因此當遇到顧客一口咬定，說泰機車的料理不夠道地時，毅正認為這可能來自於顧客第一次吃泰國菜時的印象，而非料理本身不夠道地。

毅正補充說明，以泰國曼谷的料理來說，由於曼谷是個移民城市，料理的酸、鹹、甜、辣，都會比其他城市的口味更溫和，因此究竟什麼樣的口味才算正宗？這其實相當主觀，也見仁見智。「一道料理實在很難說它道不道地，只能說它合不合你的口味，我一開始很在意這些評論，但我發現我必須要放下這種在意，才不會朝夕令改調整菜單和口味。」毅正說。

圖：文青風的飲品包裝和餐盤擺設，帶給顧客相當新鮮的飲食體驗

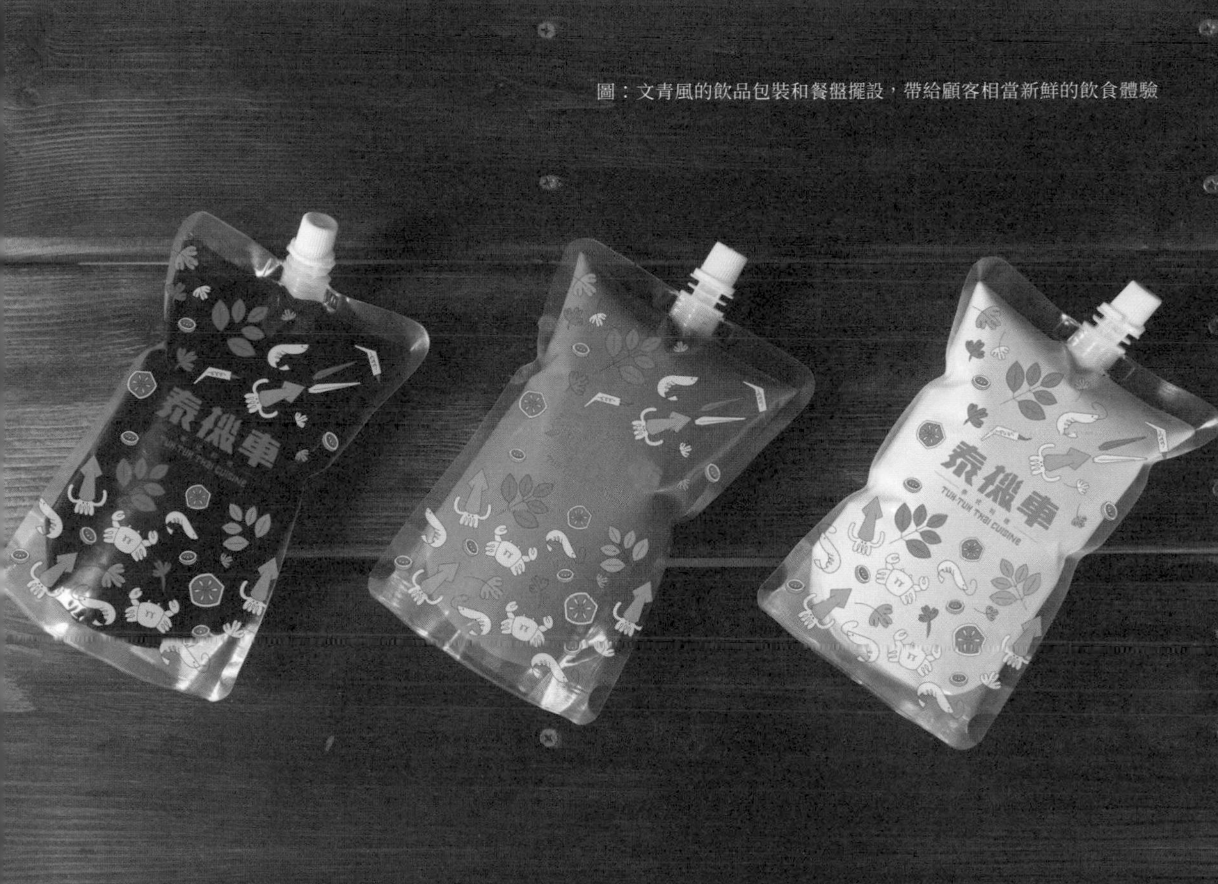

## 料理道道美味，一個人獨食也格具滋味

香料可謂是泰式料理的靈魂，魚露、蝦醬、椰漿則是不可或缺的調味醬。在眾多的香料中，刺芹可謂是毅正的心頭好，泰式冬蔭鍋酸辣湯如果少了刺芹，就欠缺一個重要的氣味，即使刺芹在台灣取得並不容易，但毅正仍想方設法找進口商購買。泰機車的招牌有台灣人喜歡的打拋豬、綠咖哩、黃咖哩、帕泰炒河粉，以及青木瓜料理，毅正還推出其他餐廳少見的「泰北拌炒豬肉飯」，以他熱愛的刺芹，搭配薄荷葉、檸檬葉、米粉、辣椒粉拌炒後，最後用魚露、檸檬汁跟些許糖做最後的調味，讓顧客不需要出國，就能品嚐純正的泰北風情。在物價飛漲的時代，泰機車料理的價位可說是非常親民可愛，而且相當適合單人用餐，每道菜只要 50 元到 150 元不等。

每逢過年泰機車還會花許多精神研發泰式年菜，提供消費者更多元的年菜選擇，每道菜也會依據毅正深入泰國市井小民的飲食文化，所獲得的第一手資訊，調整為台灣人喜愛的口味，每道菜不僅不失泰國風味，也相當清香下飯，符合台灣人的胃口，讓消費者在年復一年的新年中，能品嘗到嶄新、創意的年菜滋味。

圖：毅正相當了解泰國街頭小吃的飲食文化，泰機車的料理不僅具有獨特的泰式風味，並相當對台灣人的胃口

## 學無止盡、多元嘗試，呈現泰菜更豐富的面貌

一直以來，人們對於基隆傳統市場有著刻板印象，認為來到仁愛市場就是吃日式料理或熱炒，但因為毅正不斷思考與突破，他重新規劃用餐環境，並獲得基隆市政府文化局的基隆青創產業輔導計畫，由「大象設計 Elephant Design」協助確立品牌故事、Logo 和品牌標準色，並設計出相當具有文青風的飲品包裝，帶給消費者不同的感受。

另外，在行動支付、外送平台、線上點餐尚未流行之前，泰機車也率先推廣使用，因此即使遇到疫情，泰機車仍舊有足夠的底氣，撐過嚴峻的挑戰。除了總是帶著寬廣的心胸，嘗試各種工具與做法外，毅正同時也是個充滿好奇心且好學的創業者。「一直以來我都是個很喜歡學習的人，我們菜色的照片也是因為我去學習『食物攝影』後，自己土法煉鋼拍出來的成品，過去疫情前我也持續學習泰語，最近甚至因為接待了聽障和語言障礙的顧客，興起學習手語的念頭。」毅正表示。

泰機車目前已經六歲了，營運步入穩定期，毅正目前也是基隆職業工會的泰菜烹飪課程之固定講師，這讓他有了更多的舞台推廣泰式料理，並能教學相長，刺激他學習泰菜更多元的面向。同時，他也期待疫情結束後，能返回泰國持續學習，並以私廚料理的型態，以更具深度、更具文化意涵的方式，將他對泰菜的熱情分享給更多人。

圖：除了經營泰機車，毅正也開始以教學的方式推廣泰菜

### 品牌核心價值

好好吃飯

### 經營者語錄

不卑不亢，永遠都要保持學習的心；半杯水的心，不自滿才能不斷進步。

### 給讀者的話

如果有足夠的時間，一定要好好觀察目標市場，找到產品或服務的獨特性，不要貿然開店、不要認爲自己是最好的，多多學習並內化，才能跟上時代的變化。

### 泰機車泰式料理

店家地址：基隆市仁愛區愛三路 21 號 2 樓攤位號 B7

聯絡電話：0913-238-126

Instagram：@tuktukthaicuisine

Facebook：泰機車

# 季葳國際有限公司 KRYSTALZ TEAM

圖：KRYSTALZ 擁有多位核心高層夥伴，也常舉辦多元活動，培養團隊不同面向的能力

## 創造愛與美的電商實踐家

2020 年初，季葳國際有限公司創辦者鄒紀葳採用自己的英文名字，建立電商團隊KRYSTALZ TEAM，諧音取自「Crystal」象徵清透如冰晶、閃耀如晶鑽，囊括了各種美好的意象。

## 關於 KRYSTALZ TEAM

鄒紀葳 21 歲白手起家，由於看好電子商務與健康產業的未來發展趨勢，毅然決然投入網路品牌的創立，從 2016 年起，她協助創立超過 30 個品牌，輔佐新品牌經營管理以及行銷市場開發，更與優秀的研發團隊合作，陸續接觸了保養品、機能性食品、化妝品等生技、生醫產品。迄今為止已生產上百項優質商品，旗下品項總銷售量突破百萬件，與多位從零賺到千萬的電商菁英組成核心，共同達成經營目標，引領團隊突破創新，短短一年內迅速獲得上千位網路賣家的青睞，成為互相扶持、一同努力的夥伴。

## 創業艱辛，用堅定的信念證明自己

品牌創立初期，鄒紀葳因為年紀輕，且當時的市場也尚未被教育好，因此家族長輩與親朋好友在對網路電商不瞭解的情況下，造成許多衝突與不支持，過程更充斥著冷言冷語，對她來說，在成年人的世界裡最令人疲倦的事情，就是跟長輩置身於不同的圈子，需面對話不投機的尷尬，雖然受盡了白眼與冷嘲熱諷，但她堅信，只要做出成績，成果會替她證明一切。

然而這個世界上沒有不勞而獲，也沒有以小博大的好事，所有她想要獲得的，都要付出同等的代價，她心中秉持信念：「若是沒有與生俱來的天賦，那就維持後天不懈的努力。自己為自己負責，自己為自己創造，生活不會因為誰是弱者就善待誰。」她知道自己還年輕，總不能還沒有拼盡全力就向生活妥協，更堅信一萬個小時的定律，從來不相信天上掉餡餅的靈感和坐等的成就，最終在鍥而不捨的努力下，鄒紀葳替當時經營的品牌公司在單月內創下百萬業績，更因此有幸獲得貴人的青睞，將她從零售賣家的身份，引領進入產品開發創造者的角色。

圖：KRYSTALZ TEAM 自 2020 年創立至今，成績斐然

## 重視團隊合作與個人特質，發揮 1+1>2 的創業能量

由於網路品牌眾多，形形色色的團隊也多，KRYSTALZ TEAM 與眾不同之處，在於著重人才能力的培訓，而不是單從業績銷量來判定好壞。在這個團隊中只要足夠努力，就有機會被提拔重用，獲得更多的資源輔導，鄒紀葳進一步說明：「我們徵求夥伴從來都是看緣分跟品行，代理有權益挑選上家，上家也有權利挑選代理。」她認為，真正的執行力，是一種能力、一種態度，更是一種高級修養。與其教人開發市場，不如教人開發思想，她認為好的教育就是：思維訓練、價值培養、情感交流。

從創業的過程中，鄒紀葳也體認到，生活幸福、事業有成，是現代人追求的目標，但這一切的基礎都有一個首要條件：「健康」。因此她致力於協助夥伴調整心法及技法，打造個人 IP 與品牌雙向賦能，強化釋放「1+1>2」的勢能，團隊也陸續開設多樣化課程，邀請各方講師籌備線上與實體講座，如人才培訓、網路廣告法規、DISC 人格特質分析、行銷策略優化、美學製圖、潛意識溝通等，來提升夥伴的能力。

圖：每一位核心高層夥伴都擁有頂尖能力

## 未來將繼續開拓多角商業模式

KRYSTALZ TEAM 目前仍陸續籌劃新產品，結合最新潮流以及商業模式，希望能開創「公司、經銷商、顧客」三方共好的商業模式。鄒紀葳深知做電商最擔心的就是遇到空頭公司、無良上家，為了讓消費者無後顧之憂，誠信是公司一直以來經營的要點之一，背後也擁有專業的生技、生醫公司背景作為強大的後盾；核心幹部們也持續努力不斷的進修，目前皆已考取多張專業證照，如國際健康管理師、國際體重管理師、國際芳療保健師。未來也預計擬定多種課程，協助有興趣的核心夥伴拿下保養品研發管理師、保健營養規劃師、行銷管理、網路行銷、微電影品牌行銷等相關證書。

目前全球疫情肆虐，人們有更多機會去反思，健康的身體不僅是個人需要，也是家庭和諧與社會安定的關鍵，鄒紀葳見過太多連自己的商品都不敢使用，卻敢暴利販售的商人，因此在組織團隊時挑選配合的生技公司，都必須有著嚴格的準則，秉持著能讓顧客得到「價格與品質」真正平衡的初衷，用心調配每一項產品配方。KRYSTALZ TEAM 除了致力於創造最優質的機能性食品以及保養品，也希望顧客能注重日常保健、愛護自己，擁有良好的健康根基，等於有了第一筆財富，也能讓生命更加美好。

圖：鄒紀葳用實力證明自己擁有足夠的創業能力

## 有無開放加盟

KRYSTALZ TEAM 鼓勵加盟，旗下全系列開放經銷商代理，不同品牌有不同的模式配合，無論是小資女、家庭主婦、上班族、不分男女老少，只要想要一個副業 Plan B，都能找到適合的品牌與品項。

團隊一直求新求變，只願走在趨勢尖端，提供給夥伴更多的福利以及獨特的優勢，每一個小細節都是經典，從來不馬虎，鄒紀葳一直堅持這個信念：「世上沒有完美的個人，但有完美的團隊，我不是全能型選手，但我有各個領域的精英相伴。喊口號招人誰都會，能夠遇到一個好的團隊才可貴。和什麼樣的人在一起，就會有什麼樣的人生，和勤奮的人在一起，你不會懶惰；和積極的人在一起，你不會消沉；與智者同行，你才能不同凡響。」她認為現實生活中，和誰在一起就變得致關重要，甚至能改變成長軌跡，團隊的好壞能決定人生成敗。

圖：KRYSTALZ 旗下透過制度嚴格把關各類機能性商品

圖：KRYSTALZ 與合作的品牌生技公司，爲落實企業社會責任，常舉辦關懷公益活動不遺餘力

## 給讀者的話

電商不是趨勢，而是現在進行式，這個時代最悲摧的事情就是你很努力、很聰明，但你做的事情不在趨勢中、不在風口上！我們不洗腦、不精神喊話，專注在思維進步，創業也好，生意也罷，終歸的經營理念是「你自己」。成功者不單單是在販售產品，而是分享「眼光、格局、價值、文化、信念」。

這份事業你不做，他不做，總有人做！誰也阻擋不住社會的發展和時代的進步。在潮流和趨勢面前，誰先接受新的觀念，誰就可能把握住了先機。這個時代想賺錢，不再是靠體力，更不是靠一天熬幾個小時加班，而是靠你思維方式的改變！這是一個觀念知識致富的時代；在意還是不在意，相信還是不相信，都是一個鐵定的事實。強者獨領風騷，弱者退出江湖；適者生存，不適者淘汰。

### 品牌核心價值

KRYSTALZ TEAM 獨特、精湛、卓越，追求完美質感與頂級質量的創業精神，用心經營只為培養出能獨當一面的強手，秉持著打造「精品團隊」的人才培育理念，希望旗下代理都能有「自我保值」的自覺，營造從內而外散發出來的耀眼光芒，無論是硬核能力或是軟實力，都令人目不轉睛。

### 經營者語錄

在這個競爭激烈的時代，我們最該培養的是「不可替代」的價值，站到高處面對誘惑和利益時依舊善良，才能稱為真正的善良；人在軟弱的時候，只是不得已必須善良，但很多人意識不到這一點，感動自己沒有用，努力培養自己才是真理，加油吧，未來閃閃發亮的女孩們！

**KRYSTALZ TEAM**

Instagram：krystalz8398

Facebook：鄒紀葳

Line：kiss8398

# 寶寶副食品 喬媽灶咖

圖：喬媽灶咖寶寶副食品名片設計

## 創造輕鬆、美好的親子共餐時光

從孩子呱呱落地後，光是睡眠、哺乳等作息安排就能讓新手爸媽大為傷神，而進入離乳時期，孩子開始接觸蔬菜、肉類等食材時，如何掌握食量、口味與喜好，還要兼顧營養均衡攝取，又是另一個傷腦筋的大魔王關卡。然而，親子共餐的過程，也可以變得歡樂而輕鬆，專門研發製作寶寶副食品、寶寶水餃的喬媽灶咖，將地瓜葉、紅鳳菜、火龍果等天然食材揉進麵皮當中，製成不含鹽與人工香料的寶寶水餃、麵疙瘩及拉麵等，讓父母可以快速備餐，享受與孩子們共處的餐桌時光。

---

## 將承襲自奶奶的好手藝，活用於寶寶食物製作

想到一歲多的寶寶，開始學著自己用餐的場景，看著孩子成長進步，爸媽感動的心情自不在話下，而在感動之餘，還要面對繁重的體力與情緒勞動。「每個寶寶的食性不太一樣，只能慢慢去摸索歸納出孩子願意吃、喜歡吃的食材，且孩子的食量不比大人，有些孩子不愛吃蔬菜，或是吃幾口飯就飽了，根本不願意碰其他食物，要怎麼讓孩子在每一餐中攝取均衡的營養，真的是大挑戰。」

喬媽表示，創立喬媽灶咖的緣起，一開始是想幫認識的朋友們，省下備餐的時間與精神，「從水餃中可以攝取到碳水化合物、蛋白質、維生素等多種營養，加熱也方便，但是外食品牌的水餃，通常內餡會添加米酒、胡椒、人工香料等家長不想給孩子碰的成份，而自己手包水餃，要剁食材、調味等，也是個耗時費力的大工程。」

「我從以前就會跟奶奶一起包餃子，剁料、調餡等步驟已經相當上手，於是就開了臉書社團，開放朋友們下單購買。」喬媽補充說明：「一開始做的是一般尺寸的水餃，內餡成份都是不含人工添加物的原型食材，讓大人可以跟孩子一起吃。後來慢慢觀察自己孩子的食性，也參考顧客們的反饋，進而研發出可以讓寶寶一口吃的迷你彩色水餃、餛飩等產品。」

## 向孩子學師，產品研發更加多元

「喬媽灶咖的產品，主要客群是一歲以上的孩子，我的孩子，就是最佳研發夥伴。」喬媽笑著指出：「研發寶寶食物的前提是，不能以大人的口味與習性來思考，要實際觀察，最能引發寶寶食慾的因素是什麼、寶寶在進食過程中有什麼狀況、什麼樣的食材接受度最高等。任何新產品上市前，都要經過我家孩子點頭認可說好吃，才會介紹給客人。」

除了選用原型食材，讓孩子吃得健康，喬媽灶咖的產品還蘊含著另一層巧思：讓親子共餐的時光，更加輕鬆而自在。「針對剛開始學習自主進食的幼兒，為了讓吞嚥更為容易，要把麵條、肉、蔬菜等都剪得碎碎的，一般尺寸的水餃也要剪開，方便孩子食用，然後你就會看到各種食物沾到寶寶臉上、手上、衣服上，或噴到桌上跟地上等，爸媽可能飯後都不記得自己那餐吃了什麼，只記得忙著催促孩子吃飯、幫孩子清潔、擦桌子、擦地板等。」

喬媽灶咖的寶寶水餃跟寶寶餛飩，除了設計成能讓寶寶一口吃進去，不會弄得到處都是的迷你尺寸，也選用富含多種營養素的火龍果、地瓜葉、紅麴粉等，請麵廠製作成口感 Q 彈的彩色水餃皮，不但在視覺上刺激孩子感官、增進食慾，也能有效訓練孩子的咀嚼機能，「像我女兒在幼稚園學到如何分辨顏色，回家吃著喬媽灶咖的水餃，就會很開心的一邊細數：這是紅色、這是綠色等，她上了中班，我也會慢慢教她：綠色水餃皮是用地瓜葉做的，黃色餛飩裡面包了南瓜等等，希望她能慢慢了解，自己吃進嘴巴的是什麼東西，培養出健康飲食的觀念。」

如今外食選擇繁多，商家基於利潤與效率考量，多有使用各種化學添加劑來提味的狀況，「但至少我在現階段可以親手把關孩子的飲食，也幫助更多的爸媽，讓孩子攝取無添加的原型食物，塑造他們對於天然食材的判斷力。」

「麵皮所需的火龍果、地瓜葉等都是我們親自打成汁或蔬菜泥，送去給專門的麵廠來做水餃皮；使用的紅麴粉、全麥粉等也都是來自仔細挑選過的台灣製造廠商，像紅麴粉，雖然市面上有很多進口且價格廉宜的選擇，但是食安把關是不容妥協的底線，我們不會因為追求利潤，去使用次等的食材。」

一開始只是為了幫助友人們，而開了社團，自己接單賣水餃，如今社團人數破萬，喬媽灶咖的團隊也擴增至五個人，開始運用電商平台來處理訂單。「過程中沒有特別花資源做宣傳，純粹就是客人購買後覺得滿意，自主介紹朋友加入社團購買。」喬媽大方分享產品優勢所在：「其實家長的需求不複雜，只要孩子喜歡產品的口味、價錢合理，又能做到食安把關，備餐方便，她們就會持續回購。有些顧客的孩子，從一歲就開始吃喬媽灶咖的產品，吃到孩子上小學了都還會回購。」

圖：喬媽灶咖的創辦人喬媽，也是兩個孩子的母親，秉持著希望讓孩子攝取原型食物中均衡營養素的初衷，她研發了不含防腐劑、鹽與人工香料的寶寶水餃與副食品，也幫助許多父母完成輕鬆備餐的願望

## 培育品牌如育兒，謹守核心理念

「喬媽灶咖的誕生，一開始是想讓孩子們吃得健康，接單、製作都是由我自己處理，到了客單量加速成長，品牌聲量提升後，非預期的挑戰也會接踵而來。」喬媽表示，2018 年品牌初創時，專門的寶寶食物在市面上的選擇不多，而當品牌知名度增加，自然也會有其他業者加入搶攻市佔率。

「曾經有老同學說要投資品牌開工作室，找我合夥，我也不藏私地分享所有配方，把零廚藝的夥伴教到會，而結束合作後，對方直接複製我的配方另起爐灶。」喬媽坦言，當時確實受到很大的衝擊，但在飲食產業，食譜配方被競爭者複製的狀況，也是兵家常事，「最終你能做的，也就是顧好自己而已。」

舉凡雇用二度就業媽媽加入團隊、開發寶寶肉燥、寶寶鮮味粉，運用單一電商平台集中接單等，都是喬媽為了維繫品牌運作、優化服務及產品所做的努力，「只要初心沒有變，維持好的口味與特色，不需要花太多心力去比較，自己的品牌，如同自己的孩子一般，都是獨一無二的存在。」

圖：在不添加人工香料的前提下，喬媽灶咖的產品使用黑豬前腿肉、玉米、南瓜、紫高麗菜等食材，融合出清爽鮮甜的風味

### 品牌核心價值

喬媽灶咖運用各種天然食材，製作寶寶彩色水餃、餛飩、拉麵等方便孩子食用的產品，減少家長備餐時間，讓每一天的親子共餐時光充滿幸福。

### 喬媽灶咖寶寶副食品

Facebook：喬媽灶咖 x 寶寶副食品 x 彩色小水餃

Instagram：@joemomkitchen

# PENCIL CREAMERY

圖：低卡、低糖、低脂且保有綿密濃郁口感的冰淇淋，吃了也無負擔、無罪惡感的美味

## 無糾結、無負擔、無罪惡的新型療癒甜點

許多食物之所以美味，背後原因都離不開糖與脂肪，美食近在眼前時，我們心知肚明這一吃下去，身體會吸收多少精製糖與脂肪，這時腦中的天使與惡魔就會開始交戰……其實滿足口腹之慾，不需苦苦掙扎，台灣首創高蛋白低脂冰淇淋品牌 PENCIL CREAMERY，耗時經年研發出了低卡、低糖、低脂且保有綿密濃郁口感的冰淇淋，為消費者提供滿足味蕾、吃下去也無負擔、無罪惡感的美味。

---

## 即「食」行樂，告別 cheat day

「現代人注重健康跟身型維持，在選食物的時候，常常對照著營養成份表，斤斤計較吃了多少克糖跟脂肪等，像我也會注意各種營養成份攝取，連在超商買個飲料，都會確認成份表。」PENCIL CREAMERY 共同創辦人 Jeffrey 表示。

然而，幾乎所有市售的美味甜點，在注重健康的消費者眼中，都是高糖高脂肪的 NG 食物，進食的當下心滿意足，吃下肚卻馬上有罪惡感，「很多在控制體重或健身的人，只有在所謂的 cheat day 作弊日，為了提高熱量攝取、加速代謝，才敢吃一點甜食，獎勵平日辛苦進行飲食控制的自己。而自制力低的人，往往等不到 cheat day 就會破功，長期在理性與食慾間掙扎總是糾結不已。」Jeffrey 表示 PENCIL CREAMERY 的誕生，就是要解決這個極為普遍的痛點。

Jeffrey 說明：「一開始會選擇研發高蛋白冰淇淋，是在進行市調後，發現台灣沒有廠商在做這類型產品，消費者只能選擇高糖份的一般品項，或購買歐美製造、口味偏甜的高蛋白冰淇淋。

圖：PENCIL CREAMERY 團隊從 2018 年起，就持續研發能在口感、低卡、低脂、低糖之間取得最佳平衡的冰淇淋

我們認為，甜度、口感符合本地消費者偏好，吃起來無負擔、又有滿足感的冰淇淋，會形成一個有潛力的利基市場。」而兼具美味與健康不只是文案話術，品牌團隊經歷了無數次紮紮實實的挫敗，才成功做出了兼具專櫃級冰淇淋的綿密滑順口感、又把糖份跟脂肪量降到最低的配方。

「就像傳統西餐料理，會加大量奶油來製造香氣與口感，好吃的冰淇淋，也是高糖高脂肪的產物，在研發過程中，光是要運用牛奶蛋白凸顯出乳脂的香氣與滑順感，又不能讓消費者吃到高蛋白營養品特有的腥味，就不知道失敗了多少次。」低脂、低卡、低糖與冰淇淋所需的濃郁口感，以一般飲食常識的視角來看，根本就是空集合。「我們調整鮮奶與牛奶蛋白的比例，加上甜菊糖、三溫糖等提味，花了一年多的時間，才在這些看似空集合的因素之中，找到了最佳配方比例。」

「如果針對市售冰淇淋與 PENCIL CREAMERY 的產品成份來比較，就會發現我們的冰淇淋脂肪含量不到市售品項的三分之一，糖的含量低於四分之一，而蛋白質含量相較於市售產品多達三倍。」不管是在飯後、運動前、運動後，都可以把 PENCIL CREAMERY 的冰淇淋當成輕食補給品來享用。不需要苦苦忍到 cheat day，才能享受甜食的美好，PENCIL CREAMERY 要提供的是一種新型態的即「食」行樂、甩掉罪惡感、又能維持健康好身材的生活風格。

圖：使用英國 Twinnings 伯爵茶葉煮出香氣，再加入冰淇淋醬底的伯爵奶茶口味，相較於進口高蛋白冰淇淋，不但甜度更符合台灣消費者口味，還帶有鮮明的茶葉香

圖：PENCIL CREAMERY 的蜂蜜威士忌口味，使用美國野火雞波本威士忌與龍眼乾，熬煮出香氣濃郁的醬底，是相當受歡迎的「成人限定」口味，且每 100g 僅含 4.5g 脂肪、5.4g 淨碳水

## 理念與實務之間的擺盪平衡

PENCIL CREAMERY 的品牌經營團隊，與其說是食品製造商，更像是創作團隊，自 2018 年品牌誕生以來，團隊也持續面對著各種在創作理念與現實間的抉擇與挑戰。

「PENCIL，取自中文『偏瘦』的諧音，也象徵著我們對原創性的要求。如同畫家拿著一支鉛筆，在紙上打底稿，描繪出自己理想中的畫面。PENCIL CREMERY 的產品，也是我們從零開始發想、持續探索而創造出來的。」

過去，沒有本地業者推出高蛋白冰淇淋，如何找到對的族群，是品牌碰上的第一個考驗。「起初我們瞄準二十歲到四十歲左右的健身族，我們對口味信心滿滿，模擬著要如何賣給這些運動族群，但試了才知道，現實跟我們的想像是有落差的。」Jeffrey 補充說明：「 認真在控制體重或健身的人，關心的是體脂變化、肌肉量是否增加，能不能無罪惡感地吃甜食，對運動狂來說一點都不重要。」

Jeffrey 認為，起初團隊直覺性的把高蛋白產品與健身做連結，認為專注經營特定小眾市場，運用網路創造話題性，搭配好的設計元素，就能順利開拓市場。「我們以電商素人的身份，想要搶攻食品電商這個領域，才發現事情沒那麼簡單。」

「我們的產品優勢在於吃下肚無負擔又有滿足感，其實四十歲以上、注重健康、在意血糖數字，又常在理性與食慾之間糾結的這群人，才是我們的目標消費群。這個族群對於沒有試過的食物，或許會有疑慮，但試吃過覺得滿意，就有很大的機率成為忠實回頭客。」於是團隊嘗試百貨公司快閃櫃、市集設攤等實體推廣方式，逐步掌握到受眾輪廓，也培養出了忠實客戶群。

「孕育品牌跟單純賣產品的不同在於，商家引進產品在市場試水溫，試了兩、三個月，推不動可能就會放棄。但品牌經營，就如同 PENCIL CREMERY 所堅持的原創性，經營者碰到再多的障礙，都會試著找到正確的道路，不會輕易捨棄自己的核心理念。」

圖：PENCIL CREAMERY 的產品優勢在於吃下肚無負擔又有滿足感

圖：如同創作者需要在理念與市場之間找平衡，PENCIL CREMERY 品牌團隊也面臨了許多現實與理想之間的拉鋸挑戰，在摸索中逐步找到明確的定位

## 給讀者的話

在創業的路上，盡可能找出自身與他人的差異，並尋找趨勢上有話題的產品來做，過程不一定順遂，但 try & error 是一個必經過程，如同 PENCIL CREAMERY 在品牌定位與建立商業模式的過程中，也遭遇了重重挑戰，一步步調整思考通路、品牌形象與產品線各種永續策略。

品牌經營是團隊綜效的顯現，不是單槍匹馬埋頭苦幹的結果，能不能放下既定思維與立場，以開放的心態去對話與腦力激盪，會是這個時代的創業者，最需要克服的考驗。

## 品牌核心價值

PENCIL CREAMERY，研發低糖、低脂、低卡的無罪惡甜點，為了創造兼顧健康與美味、輕鬆進食無負擔的生活風格，我們會不斷地往前跑，持續創造並探索更多的可能。

### PENCIL CREAMERY

店家地址：高雄市鼓山區延平街 43 號 1 樓

聯絡電話：07-561-3615

Facebook : PENCIL CREAMERY

Instagram : @pencil_finestguiltfreesnacks

Line: @001umdab

# 飛豆書法

圖：飛豆書法中的每一樣作品都是獨一無二的

## 只為興趣而揮灑的佛系筆耕者

從興趣開端，自 2015 年開始在網上寫字，深受粉絲喜愛，至今已七個年頭， 創辦者飛豆，大學就讀西班牙語系，朋友都叫他 Alfredo，中譯飛豆，因此飛豆就代表他自己，那份純粹熱愛寫字的初心，從兒時望見父親書寫公文的憧憬，到現在面對每個喜歡他墨寶的人，始終沒有改變。

---

## 與書法結緣的家學淵源

「會創立飛豆書法，要從我小時候開始說起，兒時記憶中，就時常看到父親手寫許多公文，那個年代電腦不發達，每當看到他拿尺對著格框，然後再書寫工整、漂亮的字體在紙上，看著看著，就心生嚮往……」這是飛豆對於書法字的啟蒙，上了國中後的他，由於信仰使然，時常抄寫心經，在手寫的過程中，心情趨於穩定平靜，對於飛豆而言，抄經時自帶莊嚴肅穆的儀式感，因此這除了變成他日常練字的方式，也擁有持續的動力，從四平八穩的工整硬體字練起。上了大學依然持續這個基本功，同學們看到他的字都公認好看，建議他可以自己開個粉絲專業好好經營，於是受到鼓勵的他，於 2015 年陸續開啟了 Facebook 與 Instagram 的粉絲團，一開始取名「飛豆的筆」，那時最常書寫鋼筆字，看到書中喜歡的字句或語錄就會抄下來，就這樣兩三天更新一次，書寫也陪伴他經歷過一些人生的重大經歷：當兵、就業、出國等，有時停更又復出，卻從未停歇過，中間累積了不少喜歡飛豆的群眾，不過僅限於欣賞與交流，於是他後續又慢慢研究排版設計與風格特色，將這些設計理念與書法結合在一起，到了 2018 年才逐漸經營成品牌「飛豆書法」。

圖：飛豆書法的創辦人 Alfredo，從小就喜愛寫字

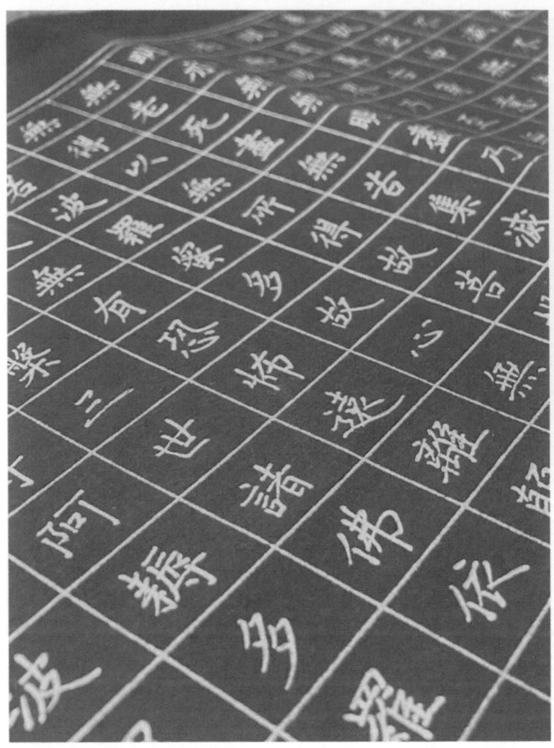

圖：由於信仰使然，時常抄寫心經，在手寫的過程中，心情趨於穩定平靜

圖：行書可以表現內心豐富的層次，線條的粗細程度與字體大小，甚至是任何一個快慢、濃墨之間，都能明顯的看出心境與情緒的轉變

## 興趣使然，佛系經營法則

飛豆在舊金山工作，平日的正職工作是駐舊金山台北經濟文化辦事處的觀光組，由於常常會需要推廣台灣的觀光活動，因此他的字也會在活動用上，進而得到一些曝光的機會，很多客戶會從這些活動中看到飛豆的字，也有很多人是從粉絲專頁發現他的，「一開始有一些粉絲會私訊我說喜歡我的書法，我就將書法裱框寄回台灣送給他們，收到的人好像很喜歡，都會拍照分享在自己的社交平台上，漸漸的，他們的朋友看到，也會來找我訂製。」

一直以來，飛豆都是採用佛系販售，沒有做特別的行銷，也很少投放廣告，憑藉著大家發自內心的喜歡、介紹、詢問，而成就現在的飛豆書法。目前美國的客人可以在 etsy 販售平台購買，台灣的客人則會私訊詢問，因為國外的運費不斐，有一些商業用途的 Logo 或字帖，客人通常都只會要電子檔留存使用；除了書法作品外，也有人會想用名字來做藏頭詩，一個字當上聯，另一個字當下聯，有的客戶則是講出喜歡的感覺與意象，讓飛豆創作出自己喜愛風格的書法作品。在國外有許多客人英譯自己的中文名，送給自己與他人作為一份特別的禮物，因此，每一份作品都是獨一無二的，現在飛豆也有與刺青師、畫家合作，讓自己的字與刺青及圖畫做結合，成為別具特色的書法圖騰。

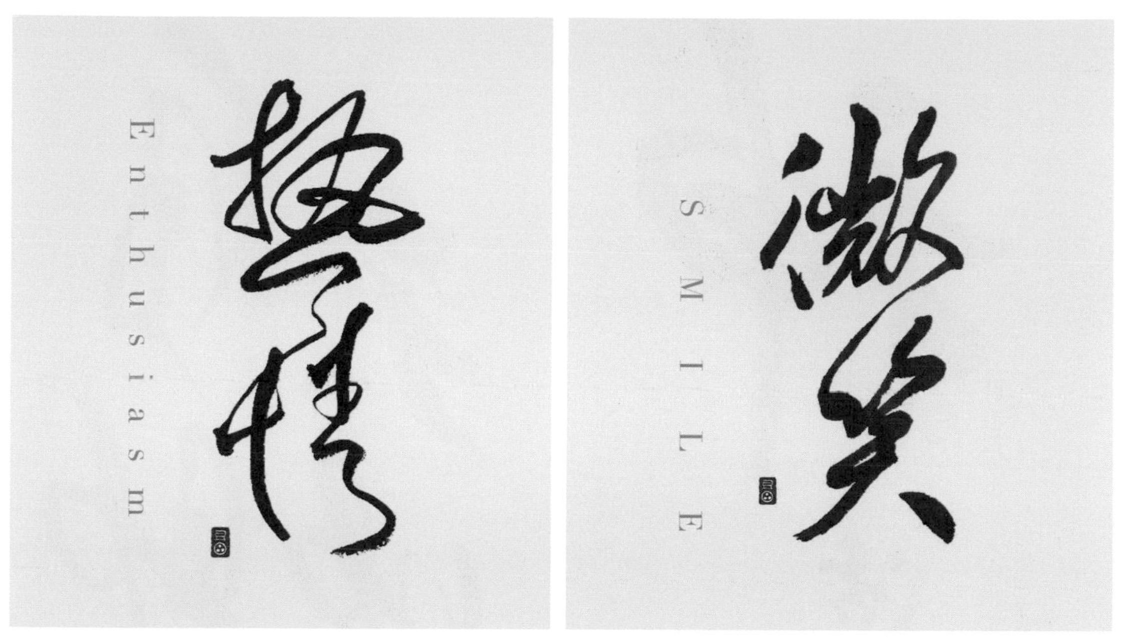


圖：除了客製化的訂製書法，飛豆也提供裱框書法的服務，很多客戶收到作品後感到愉悅，也會特別分享當初委託作品的意涵，或是道出背後的故事與心路歷程

## 賦予情感與靈魂的書寫歷程

當時飛豆會進入書法的領域，主要是隨著興趣走，因此沒有找老師學，也沒有經歷過正規的學習過程，就是自己找名家字帖，或是自己覺得好看的字，去慢慢臨摹練習，由於初時不擅長隸書或篆書那種變化多端的字體，因此一開始字體的樣式很有限，在創作上受到一些限制，後來他去拜師學習，並加強臨摹，現在最專門的領域是行書與楷書，飛豆說自己最愛寫的就是行雲流水的行書，原因是：「行書可以表現內心豐富的層次，線條的粗細程度與字體大小，甚至是任何一個快慢、濃墨之間，都能明顯的看出心境與情緒的轉變。」

一直以來飛豆告訴自己，也傳達給別人的理念是，寫字要能帶給別人開心，更希望收到的人能喜歡，因此他是採取完全的客製化，沒有固定的操作模式，也沒有寫好放著販售的書法作品，都是有人欣賞詢問，經過交談後的了解，明白喜好與訂製的原因、背後的心意後，飛豆才會開始進行創作。

除了客製化的訂製書法，飛豆也提供裱框書法的服務，很多客戶收到作品後感到愉悅，也會特別分享當初委託作品的意涵，或是道出背後的故事與心路歷程，讓飛豆印象深刻的是，曾經接過一位客人的特殊委託：「他是一個很虔誠的佛教徒，請我幫他寫心經掛軸，寫完再寄到台灣，收到後客人很感動，因為這幅心經是要送給臥病在床的母親，希望這幅心經能幫她祈福。」飛豆的書法字，也陪伴客戶走過許多人生之路，不只是形式上的販售意義。

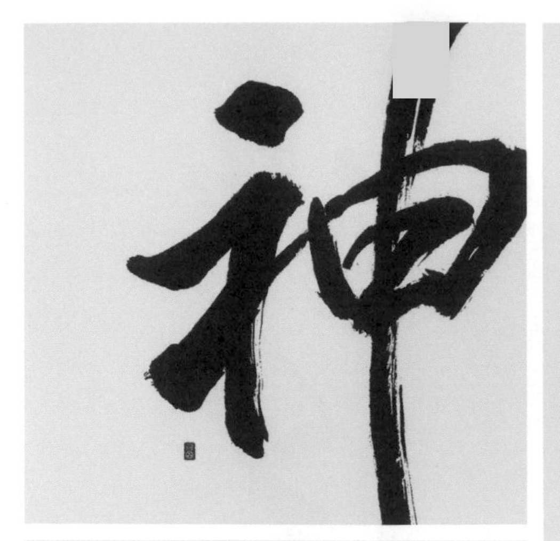

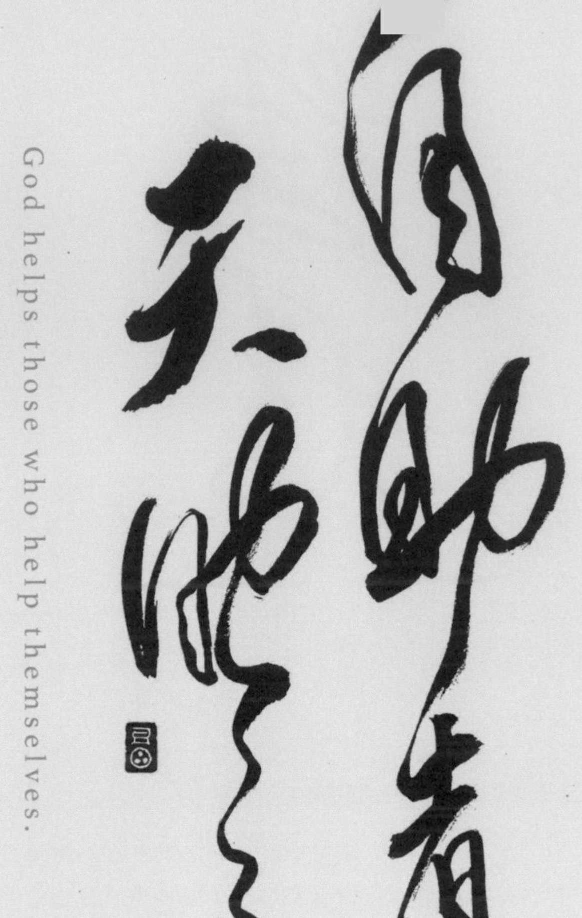


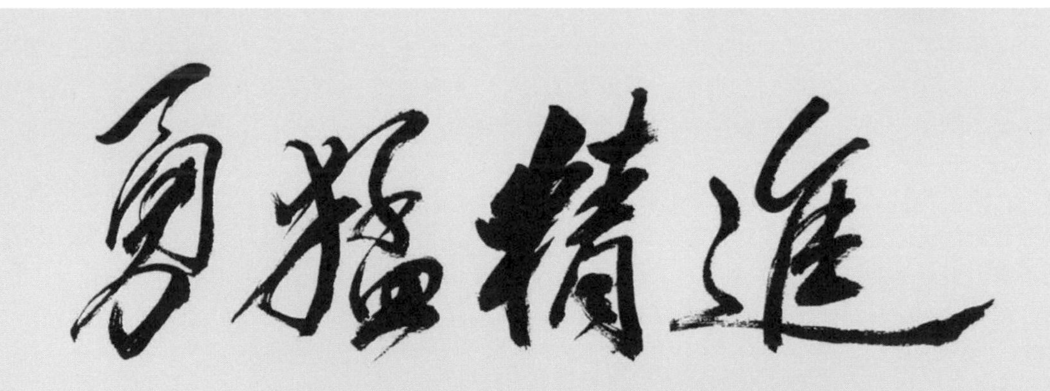


圖：飛豆販售的過程很佛系，一切本於興趣

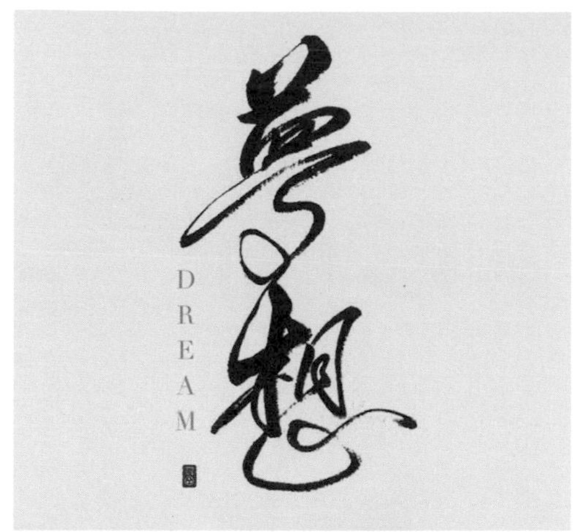

圖：未來飛豆會將自己的墨跡與各類商品做結合

## 與書法結合的無限可能

未來的規劃上，飛豆會持續這種本於興趣的經營模式，也希望接洽到更多品牌合作邀約，像是餐廳Logo，或是去年參與的過年寫春聯等節慶活動，也預計創作更多書法字的周邊商品，像是衣服、杯子、書籤等等生活周遭可以看到的產物，更希望有機會可以辦書法展，讓喜歡飛豆的粉絲都能親臨現場看到所有的書法作品，期待看到異業結盟的無限可能，像是現在進行中的刺青書法，未來，在很多商品的呈現上，可能都有機會可以看到飛豆的墨跡。

## 給讀者的話

在經營的部分上，要多學習社群平台的經營，這些平台的進化很快速，可能會瞬間迸出很多功能，因此我們最好能與時俱進，也思考自己的專長可以利用這些功能做什麼樣的發揮，立定自己的推廣方向後，社群平台的運作、排版規格、限時動態的分享，每樣都是學問，好好做運用，就能讓更多人看到；不過我覺得最重要的還是面對客戶的心態，遇到客戶要把他們當朋友看待，不要只為了營利，也不要只侷限於買賣交易，用心待人他們會感覺得到。

### 品牌核心價值

希望收到字的每個人，都能感到溫暖，得到心靈上的共鳴，進而開心愉悅，這就是飛豆最大的快樂。

### 經營者語錄

在任何沒有信心與力量的時刻，請告訴自己：沒有做不來的事，只有想做與不想做而已，不過做任何事，只要想做，就要想盡辦法去完成。

### 飛豆書法

Facebook：Alfredo Calligraphy 飛豆書法

Instagram：@alfredocalligraphy

# Luna Beauty Salon

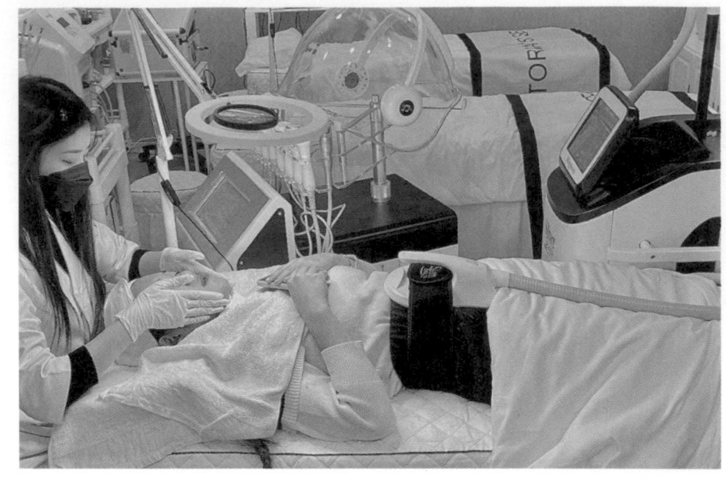

圖：引進韓式皮膚管理服務，並多方市調挑選適合儀器，統合各種技術來規劃服務內容

Luna
BEAUTY SALON

## 不分年齡性別，無濾鏡也能擁有耀眼神采

許多客人一走進 Luna 美學中心六十多坪的空間，就會立即被溫馨甜美的色調與裝飾元素所吸引，這裡的氛圍，像回到家一樣放鬆而舒心，為因應美睫、美甲、紋繡、皮膚管理等各種需求，店內空間與人員分工都經過嚴謹而細心的規劃，讓客人享受細緻而療癒的美容服務體驗。

自 15 歲就讀美容專科以來，就全心投入美業的品牌創辦人 Luna，深知亮眼的外型要從皮膚基底開始打造，所有細節都要執行到位，美麗才不會打折扣，這也是她創辦 Luna 美學中心，提供一站式服務的初心。

## 照顧每一位客人身心靈需求的服務設計

「在客人的心目中，我們就是許願池的角色。」Luna 笑著表示：「會有客人拿著明星網紅的照片指定要做類似的眉毛，甚至還有來做男士眉型設計的客人跟我許願，請我幫他設計一對『前妻看到都會喜歡』的眉型。」

就讀美容專科學校時，Luna 就在老師開設的工作室擔任助理，在第一線服務現場，開始摸索了解美業的客戶需求輪廓，學會怎麼回應客人的期待，解決她們的問題。「我後來為什麼會去學紋繡，並把這一門半永久彩妝技術正式納入 Luna 的服務內容，就是因為看到很多客人在學習畫眉毛、畫眼線的過程中，碰到各種困難；雖然遇到正式場合，可以找專業人員打造完美的妝容，但是在忙碌的日常生活中，愛美的人們還是希望每天能夠神采奕奕，不想因為眉毛畫歪了，或眼

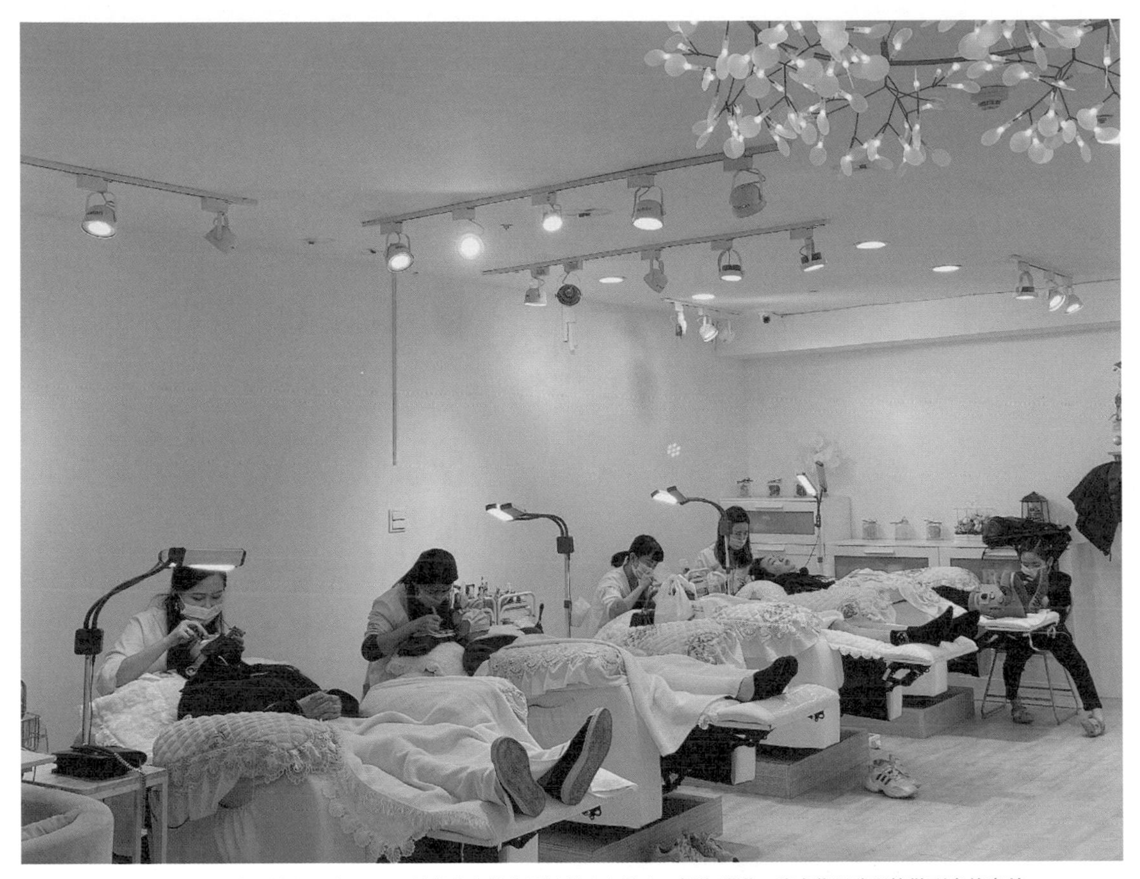

圖：為了提供最細緻的一站式美容服務，Luna 美學中心的空間規劃及人員分工極為嚴謹，務求將服務環節做到盡善盡美

線不對稱而毀了一整天的心情，這就是半永久彩妝技術最大的優勢與市場需求所在。」Luna 表示。

在每天的服務現場，Luna 總是細心地觀察客人的神態、輪廓與膚況，也聆聽每個人的願望，為了回應大家的願望，在紋繡、皮膚管理、美睫等領域，Luna 花了數年的時間在技術精益求精，並多方調查研究後引進最專業的儀器，讓 Luna 美學中心慢慢地成長茁壯為一個分工專業的團隊，提供半永久彩妝、韓式皮膚管理、日式嫁接美睫、美甲等一站式服務。

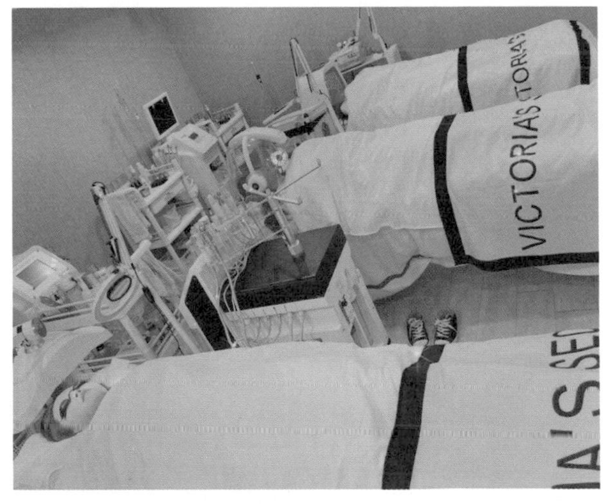


圖：Luna 美學中心提供半永久彩妝、韓式皮膚管理、日式嫁接美睫、美甲等一站式服務

圖：在客人開口之前，就能精準看出他們的需求，引進韓式皮膚管理技術，亦是基於 Luna 長年來在現場的第一手觀察，所做出的決定

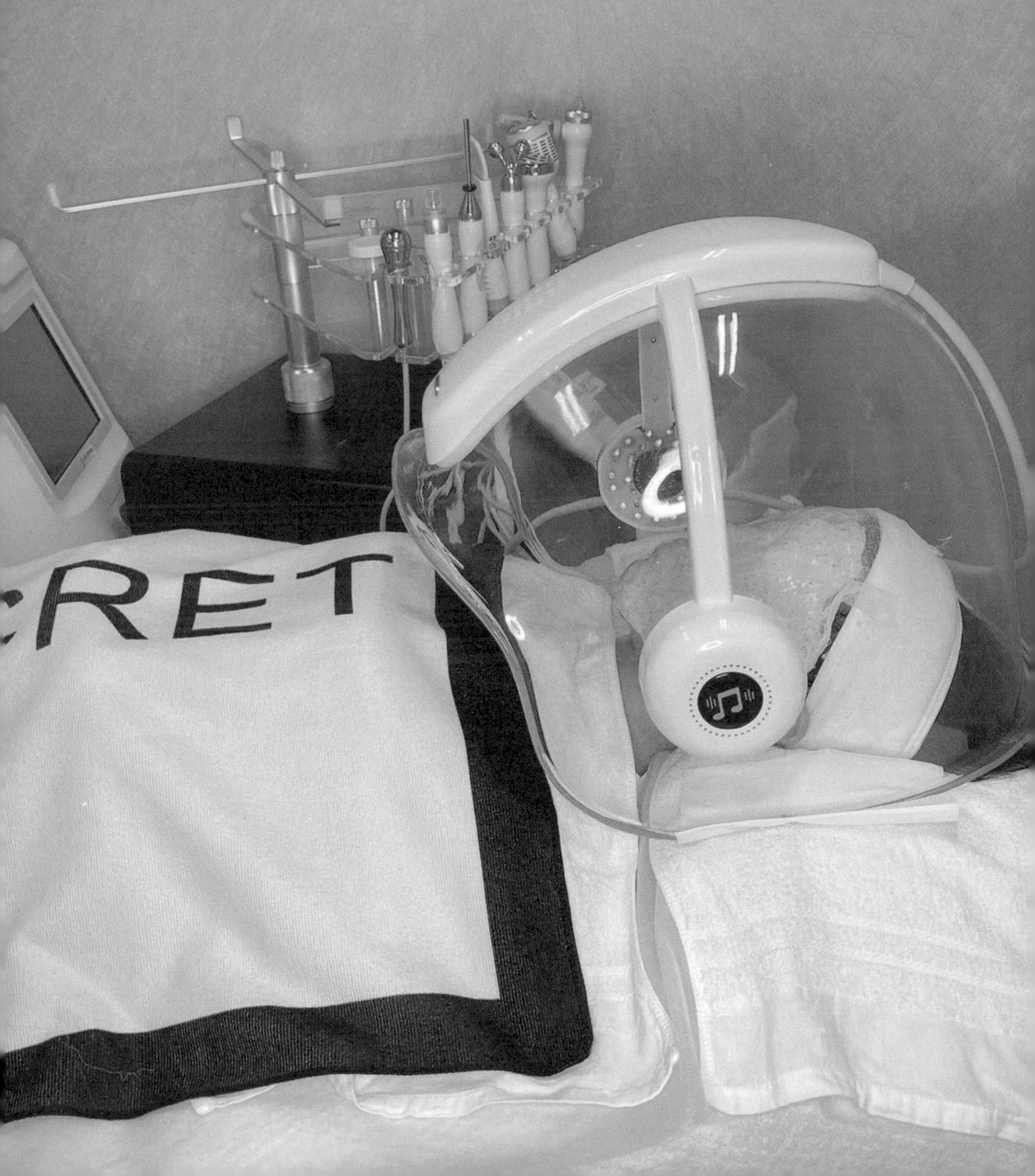

## 追求美麗是讓生活更美好的黃金法則

在 Luna 美學中心的臉書首頁，寫著「你努力變美，整個宇宙都會接收到訊息，吸引更美好的事情到你的身邊。」Luna 表示：「這其實是我在客人身上，所觀察到的改變。」Luna 曾經遇到一位被八字眉困擾了 20 多年的男生，因為常被取笑，只能用瀏海盡量遮掩眉毛，也交不到女朋友，有天，下定決心去約會前，他來到了 Luna 美學中心，讓 Luna 幫他重新改造眉型，改造完成後，她內心也一直牽掛著那位客人約會是否順利，結果，一個月後，該名客人回來調整眉型時，是帶著女朋友一起來的。好看、順眼的外型，確實能讓一個人在自信、人際關係與異性交友等方面都獲得提升。

「好看的外型，包含了很多細節，膚質、眼型、眉型等，都會影響他人對你的第一印象。」Luna 笑稱，她對自我的要求也很精細，包括底妝、眉毛輪廓、眼線質感等都要過得了自己這一關。「但要達到全方位的美麗，並不容易，畢竟人的時間精力有限。例如，很多來到 Luna 美學中心作嫁接睫毛的客人，在眉毛、眼線等眼妝部位都打理得很精緻，但是近看就會發現脫妝、毛孔粗大、細紋等狀況。」

觀察到這個現象後，Luna 決心引進韓式皮膚管理服務，並多方市調挑選適合儀器，統合各種技術來規劃服務內容。「目前 Luna 美學中心的韓式皮膚管理主要是針對毛孔粗大、痘痘粉刺等問題肌來做改善，希望客人能先擁有一個乾淨、毛孔不堵塞的肌底，再進行美白或淡斑等進階項目。」

Luna 也表示，其實男性對於皮膚管理的需求，並不遜於女性：「許多男性有毛孔粗大、肌膚泛油光的問題，如果沒有定期保養，一定會長痘痘。」許多為痘痘肌所苦，吃 A 酸也沒有明顯改善的男性客人，在 Luna 美學中心進行了幾次皮膚管理課程，毛孔清乾淨以後，膚質不但明顯提升，人也變得更有自信、更加神采飛揚。

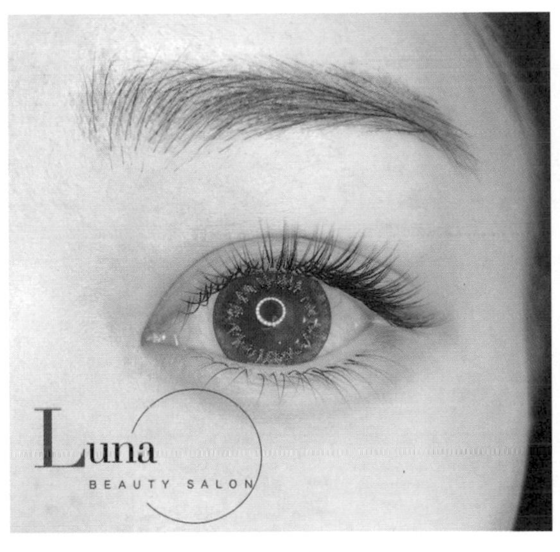

圖：一站式美學中心，讓你一次美美的

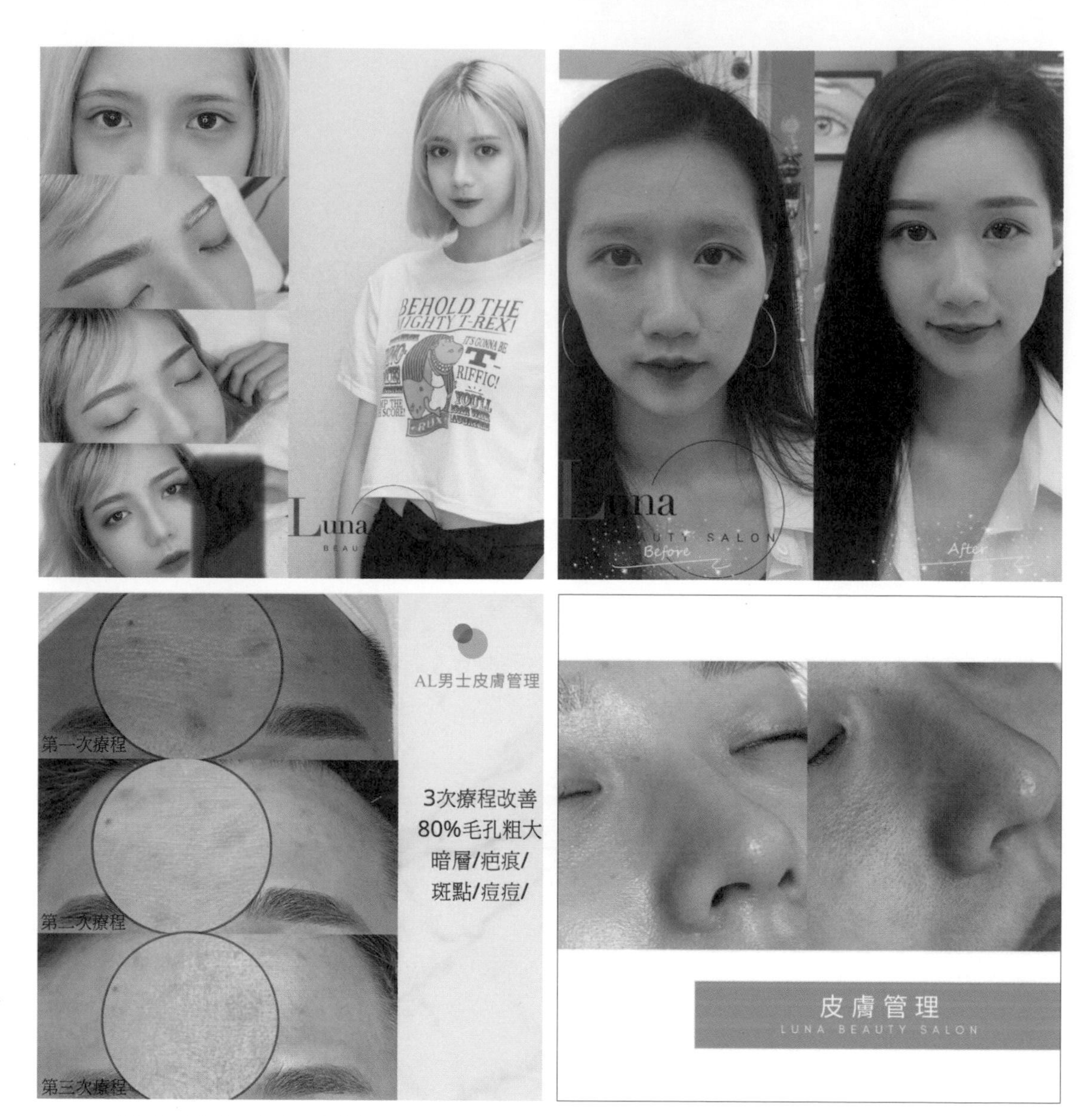


圖：Luna 從就學時期就在美業現場，觀察與解決各種關於美的疑難雜症，為了盡力實現客人們的願望，Luna 美學中心蛻變為一個提供全方位服務的「美麗許願池」

## 無關性別年齡，「美力」就是競爭力

除了改善膚質以外，眉型也是影響男性外觀的關鍵，Luna 創立的另一品牌「AL 男士眉型設計」，針對台灣男性眉型的幾大共通點，設計出自己的獨門技法，來滿足男性客群對於外型的要求。「男士眉型設計，雖然也是運用紋繡技術，但在輪廓及設計思維，都跟女性大不相同，所以我會親自訓練專門的團隊來做男士眉型設計，以追求更精準、更貼近客人需求的服務體驗。」

目前只要搜尋關鍵字「男士眉型設計」就可看到品牌資訊長年佔據 Google 搜尋榜首，「這真的不是下廣告的結果，而是因為目前市面上，把男士眉型設計變成一個獨立服務項目的沙龍，真的少之又少。」Luna 表示。

「台灣男性的愛美意識越來越鮮明，但因一般美容沙龍客群仍以女性為大宗，很多男性一想到走進沙龍，得在一群女生的包圍之下進行課程，他們就會不敢來。」考慮到男性客人們的細微心理需求，Luna 特地將 AL 男士眉型設計的服務空間，與其他服務空間做出了清楚的區隔，「不論性別、年齡，我希望想要變美、提升生活品質的任何人，都能自在大方地走進店裡，指定自己想要的服務內容，在競爭激烈的社會中，除了學歷與能力，『美力』也是競爭力的一環，把外型交給我們來打理，是最有效率的方式。」

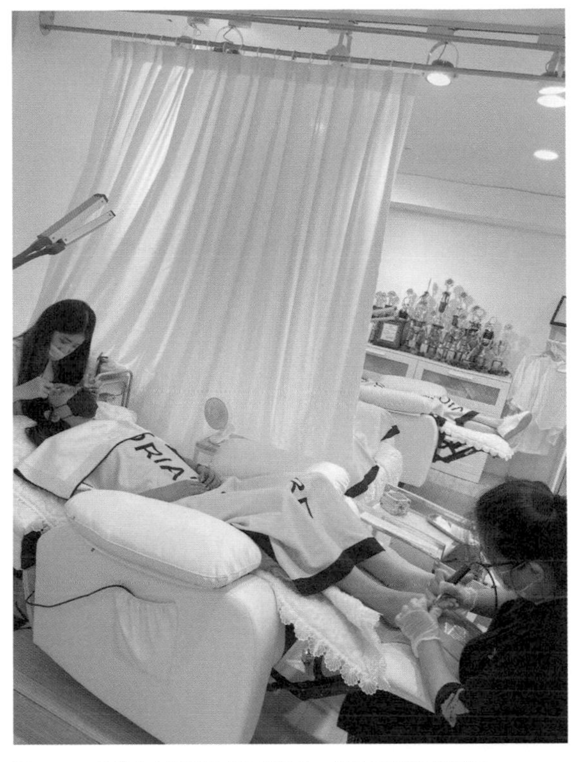

圖：Luna 美學中心慢慢地成長茁壯為一個分工專業的團隊

## 給讀者的話

美業各項領域的技術，不斷地在更新演進，在學技術的過程中，要先花一段時間，培養手感、肌肉控制等身體記憶，但是當技術更新以後，手法與身體記憶，也需要跟著改變，許多人在這個轉換的過程中，會發生肌腱炎等狀況，建議想入行的新人們，面對各種變化，在身體與心理層面，都要做好隨時調整的準備。

## 品牌核心價值

Luna 美學中心，提供半永久彩妝、韓式皮膚管理、日式嫁接美睫、美甲等一站式服務，並規劃出獨立空間的「AL 男士眉型設計」服務，愛美不分性別與年齡，來到 Luna 美學中心，能夠享有自在的空間及頂級精緻的美容服務。


Luna Beauty Salon

店家地址：臺北市大安區復興南路一段 126 巷 1 號 6 樓之 2

聯絡電話：02-8771-8949

Facebook：Luna 美學館 美睫 韓式半永紋繡 韓式皮膚管理 美甲 技術專門店

Instagram：@luna52_beauty_salon ｜ @luna_skin52 ｜ @al_mans_eyebrows

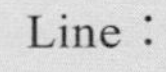
Line：

# Nexuni<br>耐思尼<br>股份有限公司

圖：Nexuni 耐思尼是由一群來自不同領域、擁有共同目標的青年才俊組成

## 不只是創新，結合傳統與人性的自動化科技

Nexuni 耐思尼團隊從三年前開始籌備，創辦者陳韋同集結各界夥伴，將從學校習得的自動化科技，廣泛實現於生活中運用，並串聯企業與科技；旗下餐飲品牌「豆日子」開店不到半年，即受到媒體的關注，獲邀入駐米其林三星主廚最愛微風南山超市，未來將持續研發絕佳技術，貫徹在各種不同領域的產業中。

---

## Nexuni 耐思尼的創辦緣起

創辦者陳韋同大學時就讀美國麻省理工大學，因此接觸了自動化科技，也獲得了從學校起始的 MIT 計畫其中的資源與指導，並聚集一群來自不同領域卻有著共同夢想的各界好手，創辦「Nexuni 耐思尼」，針對企業及個人生活的各種便利自動化應用來做發揮。

創辦的初始，就從餐飲業切入，將最新的科技與台灣的甜點豆花來做結合，開發出各種管理程式與點餐機，打造出自動化甜品店——豆日子，並一連開了三家店，透過店面來測試自動化設備，剛開始營運時，他們就發現到科技與傳統的碰撞，像是年長的使用者已經習慣直接與店員對話，因此無法適應平板與手機的點餐模式，這都需要適應期；很多人會疑惑，一家高科技公司為何要自己營運一家豆花店？陳韋同卻秉持著：「科技還是要來自人性，自己開發的機器自己掌握，透過店面的實體經驗，在營運的過程中收集資料，逐步改善流程與不完整的機制，確定這些機台對於買回去的業者來說，是有效益的，這也是我們必須經營店面的原因。」

圖：Nexuni 耐思尼旗下餐飲品牌豆日子，主力商品是豆花

## 從疫情下望見不同產業的需求面

在開店的期間，Nexuni 耐思尼旗下的餐飲品牌豆日子遭逢疫情挑戰，原本的設想是：「經營豆日子不賺錢沒關係，主要是當自動化測試平台，不過這一年還是倍感辛苦。」不過陳韋同也提到，疫情帶來餐飲業一體兩面的變化，也讓越來越多餐廳想進駐自動化系統。為了滿足公司內部研發自動化技術所需成本，Nexuni 耐思尼也積極加速開拓新的業務，觀察不同產業的需求面，於是開始嘗試停車場管理與半導體工廠，近年台灣的半導體業發展大好，許多工廠也出現了自動化需求，客戶想要更新自己的設備，因此 Nexuni 耐思尼提供解決方案，並針對每個客戶去做客製化的設計。比如，停車場會有巡邏的需求、餐飲業會有送餐的需求，針對需求評估後，結合這些技術去開發出室內外自主巡邏的機器人，目前已與新加坡的保全公司合作，提供工廠、校園、公園等區域的 AI 智慧巡邏，不用人做管理就可以透過智慧辨識，通報可疑人士及違停車輛。

## 以先進軟體技術平衡硬體，實現自動化機台的平價化

目前 Nexuni 耐思尼的主力產品有：智慧停車場系統，全台有 20 個停車場使用；旗下自營的豆日子，則全面使用智慧店面管理設備，包含 POS 機、點餐機、線上點餐及訂位、智慧庫存管理等系統；除此之外，機器人的設計還可針對客戶的特殊需求提供客製化的解決方案，陳韋同表示：「現在很多自動化機台與設備，在價格上高居不下，也有諸多使用限制，當然，每一種解決方案都有好有壞，當你在硬體上花很多錢，軟體就不需要花那麼多，反之也是一樣，想要買平價的硬體，就會需要用更多聰明的軟體去補償；但我們用最新的軟體技術去打破這樣的規律，讓自動化機台一方面能提高效能，一方面價格又更親民合理。」因此在市場的區隔性上，Nexuni 耐思尼主打高效能卻有合理價格的服務，讓更多產業能借助最新科技的力量，去實現產能上的提升。

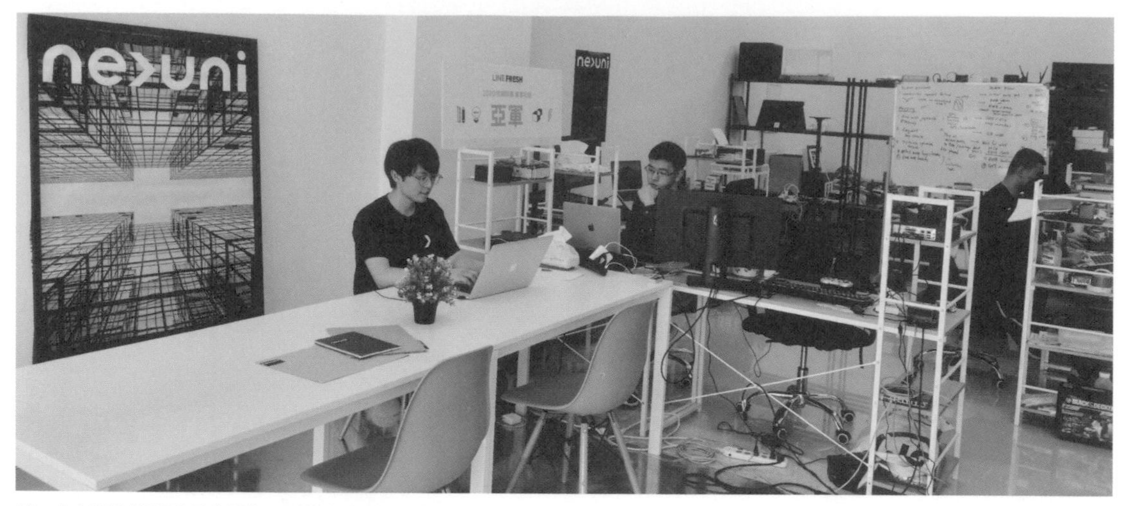


圖：未來將持續研發絕佳技術，貫徹在各種不同領域的產業中

## 自動化與使用者間的距離，任何天馬行空都在營運中進化

一開始用自動化開店，使用點餐機的狀況很多元，他們發現與使用者之間出現了一些微妙的距離，除了老年人使用點餐機有困難外，部分客人付錢時會把錢投到不對的地方，或是點餐到中途就以為點完餐想要取餐等種種問題，因此請店員耐心教導客人做使用，並且改善流程以及介面，現在需要幫忙的狀況已相當少見；而在流程的改善中，像是客人點芋圓不想要有地瓜圓，對店員來說挑掉其中一種很簡單，但對機器而言，準確挑掉地瓜圓便產生難題，因此改善的方法是將兩者的加料順序分開，而像是裝袋產品等更細部的需求，未來可能就會用語音辨識導入 AI，把關鍵字詞分析出來再去做改變。陳韋同表示：「有時候客人會有天馬行空的想法，我們在某種程度上，會想挖掘出客人還會有什麼意想不到的需求？」營運快兩年的時間，遇到大大小小的疑難雜症，也會做詳細記錄，並試圖用人工智能去解決並改進。

圖：豆日子實現自動化店面的管理與測試，從各種疑難雜症中精進流程

圖：自動化機台設備的價格相對親民，卻可以提高效能

## 追逐夢想與現實之間的平衡點

初期本來計畫開發讓餐飲業 24 小時不停歇，但研發機器人及自動化產品的高科技不只耗時，還需要大量資本去支撐，因此從母校 MIT 得到的資金與資源也很快就用完了，於是陳韋同開始尋思：「創業的過程還是需要穩定的現金流與營業額，為了讓企業穩定存活以及未來能擴大規模，得在產品開發完之前，尋找額外的業外收入。」

要完成心目中的產品是公司一致的夢想，但卻會有更多現實面的挑戰，於是他們開始找尋其他產業對自動化的需求，分出研發的時間去做專案，才能得到足夠的收入去支撐研發需要的器材與設備，對此，陳韋同表示：「雖然分時間去找收入，研發時間會變慢，但還是要在這之間取得平衡，我們的主軸依然不會發散，持續往核心價值去前進。」

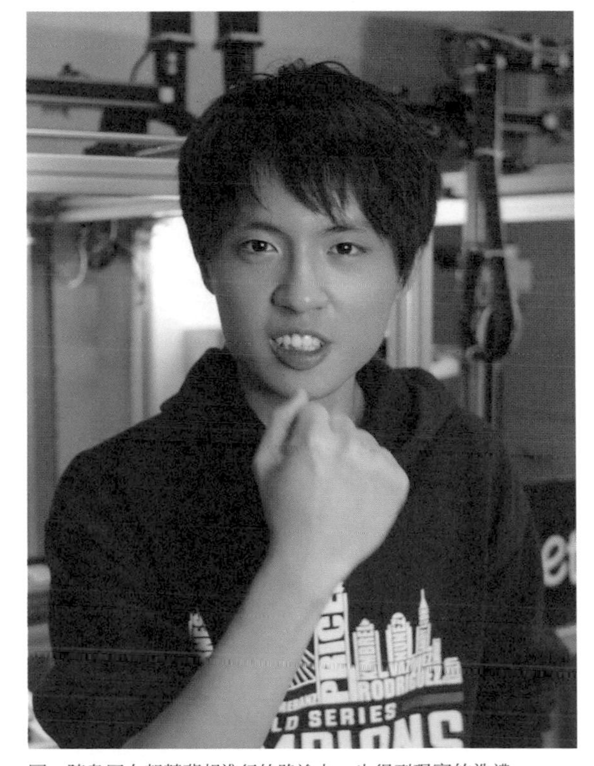

圖：陳韋同在朝著夢想進行的路途中，也得到現實的洗禮

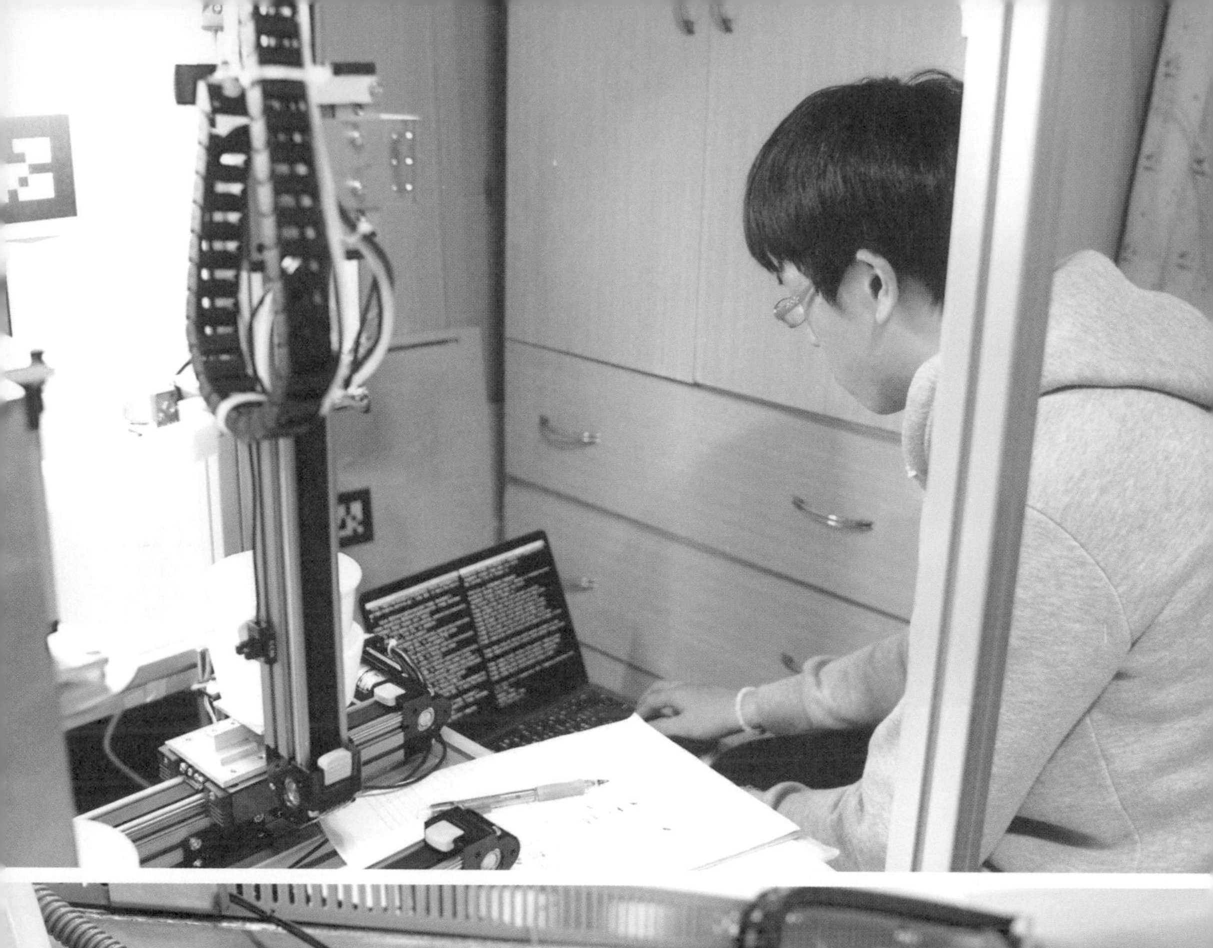

圖：未來自動化科技的實際
運用面向會相當廣泛

## 未來將持續研發全日作業的自動化技術，並廣泛應用

品牌的規劃上，未來還是希望能研發 24 小時自動化技術來幫助餐飲業，陳韋同認為：「隨著餐飲業的成本水漲船高，未來的世界，可能會有缺工的危機，因此我們未來的產品就是自動化的延伸。」如同豆日子的 DoDay Bar，是由機器人負責調製飲料、現煮料的吧台，還能自動接單，營業時間外甚至還能接 UberEats，可以解決逢年過節人力短缺的問題，並在某種程度上，提高店面使用效率，陳韋同說明：「假設一家店一天營運 12 小時，另外 12 小時空置，想繼續營業會有人力成本的問題，如果可以選擇讓機器人營運，就能大幅提高效益與收益。」

由於每個產業希望機器人幫忙做的事不盡相同，未來還希望能開發一組全能機器人，只要教機器人做幾次同樣的事，就能透過學習自主操作，如同教小孩一般，即使目前品項無法多元，但現在已經有雛形會持續優化並實現。

## 有無開放加盟

Nexuni 耐思尼計劃在兩年內開放大眾募資；另外，公司旗下品牌豆日子的部分，待各方面都更為成熟之後，會正式開放加盟，屆時會再有更多資訊釋出。

## 給讀者的話

創意是無所不在的，運用年輕的優勢，敢夢、敢想、敢實踐，將創意帶入既有產業中，真正的執行它，不管失敗或成功，必定都是一件很美好的體驗。不要以為休學去創業就是很酷的事，趁年輕在學校，多認識志同道合的朋友、廣泛接觸新知並找到自己真正熱愛的事，都會讓所學產生更大的價值。

### 品牌核心價值

「For the next unique you.」對 Nexuni 耐思尼來說，這裡的 You 可以是個人，也可以是公司組織。Nexuni 耐思尼相信每個 You 都會是獨特的，有不同需求和偏好，而透過 AI 科技、大數據分析等程式開發可以滿足不同 You 的需求，提供世界走向更便利、更智能和更永續化的服務和產品。

### 經營者語錄

每個成功的結果，必然來自過去很多努力的累積，而如何串聯一群優秀的人願意為一致的目標持續努力，來自於大家對美好願景的共同信仰，其中最重要的一項，就是提供這世界更多有意義的創新和價值。

**Nexuni 耐思尼股份有限公司**

官方網站：www.nexuni.com

Facebook：Nexuni 耐思尼股份有限公司

Instagram：@nexuni.co

# 芙娜莎
# Frnasa

圖：芙娜莎 Frnasa SPA 會館創辦人陳怡文董事長

## 創業的初衷

「天將降大任於斯人也，必先苦其心志、勞其筋骨……」這句話非常適用於芙娜莎 Frnasa SPA 會館創辦人陳怡文董事長。青春期飽受肌膚問題之苦，遍訪名醫、美容 SPA 館卻遲遲不見改善的她，最後靠著自己琢磨知識與技術，成功改變自己肌膚問題，而這也是促使她投入美容產業的奠基石：「希望能夠幫助更多跟我有一樣困擾的人，重拾信心！」陳董事長如是說。

## 市場定位的不同，「以人為本的保養概念」

不同於連鎖美容品牌講求固定 SOP 的服務，芙娜莎的經營理念是「以人為本的保養概念」。針對不同顧客的不同肌膚狀況，芙娜莎推出不同的保養服務，透過細心觀察與溝通，了解顧客的日常與問題成因，再對症下藥。「做皮膚科醫師不願做、而美容師做不到的」是芙娜莎的市場定位。保養方式因各人生活習慣而有所不同，太過速成的療程，有時對肌膚更是一種傷害，除了美容課程外，更重要的是導正顧客平常保養的習慣。

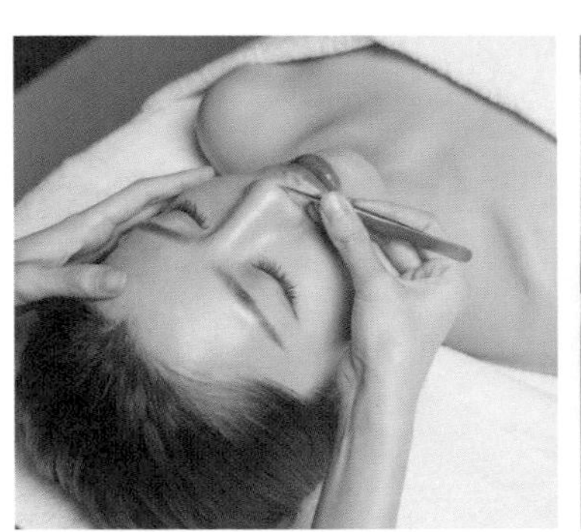

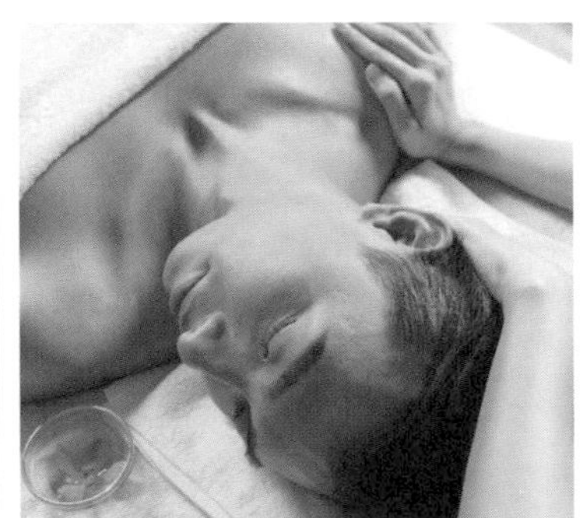

圖：獨家毛孔淨化術，可清除阻塞毛孔的粉刺；美肌女神課程，讓肌膚明亮水潤又有亮澤；臉部護理服務，亦有針對男性的保養課程

## 每一步，都是顧客服務

從小小的工作室、成立的第一家SPA會館，再開展到彰化、新竹等地。顧客間的口耳相傳，使品牌累積了不少死忠顧客，也因著他們的期待，讓芙娜莎在中部地區遍地開花。擴大事業版圖之餘，陳董事長仍舊不停地精進自己的技術與知識，同時詢問自己還能再為顧客們做些什麼？與顧客溝通的過程中，她發現顧客所使用的日常保養品牌不盡相同，卻不是真的適合每個人。於是她決定自主研發保養品，與坊間保養品牌直接找化工廠的方式不同，陳董事長選擇從上課開始！速度雖然緩慢，但更扎實。運用從課程中所學到的知識，以及精準掌控原物料品質、並結合多年來的經驗，調配出最適合台灣人肌膚的保養品。

圖：芙娜莎能夠走到今日，每一位夥伴都功不可沒

圖：芙娜莎除了有非常專業的肌膚技術，還可以帶給想要舒壓的顧客一個放鬆的環境

## 專利科技面膜系列

「專利科技面膜系列」，於2020年受到【全球美妝大獎Pure Beauty Global Awards】的入圍肯定，獎項囊括最佳新面膜獎、最佳新護膚產品獎、最佳抗衰老新產品獎。而2021年推出新產品更是雙雙入圍「最佳新沐浴產品獎」及「最佳新防曬產品獎」，這些都是芙娜莎品牌價值的體現，以及無可取代的優勢。

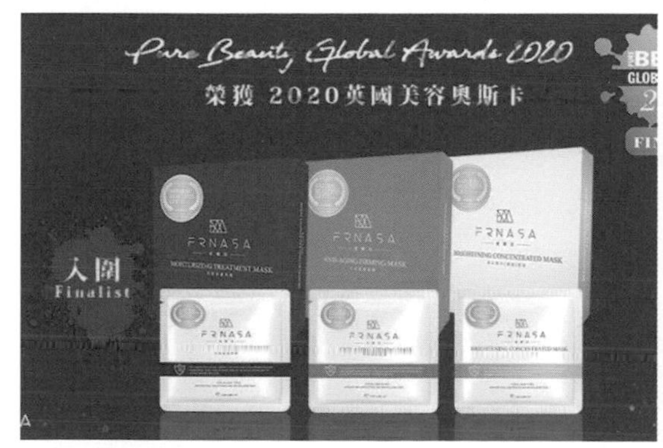


圖：2020年三項面膜產品入圍全球美妝大獎Pure Beauty Global Awards

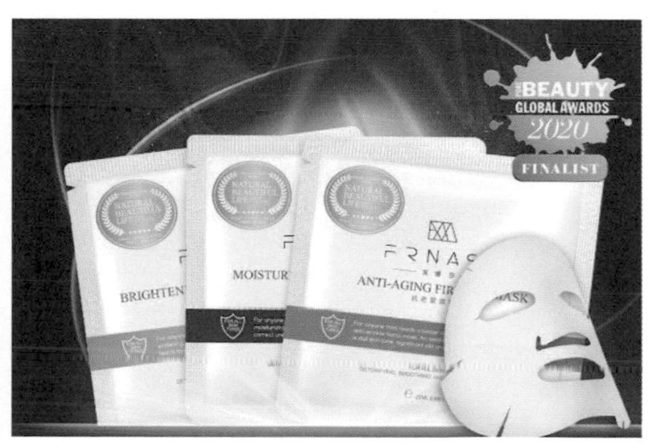


圖：2021年兩項產品入圍全球美妝大獎Pure Beauty Global Awards大獎，並接受雜誌採訪

圖 : 成立新品牌——CASTOR posture & fitness 卡斯特體態俱樂部

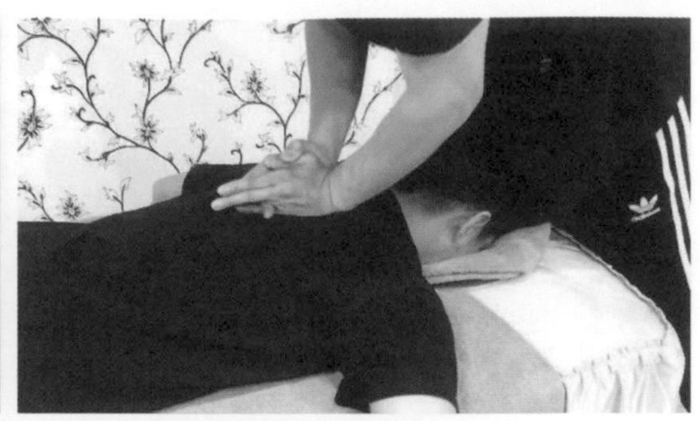

圖 : 專業整復師為顧客整復推拿

## 讓顧客在芙娜莎就能完成所有想做的事

除了肌膚保養外，陳董事長也注意到國人因工作忙碌所帶來的痠痛、肥胖問題，芙娜莎推出健身房、整復推拿等服務，為的就是讓顧客在芙娜莎能完成所有想做的事，不至於東奔西跑，同時也強化了顧客的黏著度。

## 學技術不難，難的是理念的建立

品牌不停地成長，隨之而來的是團隊建立的重要性。芙娜莎自2007年成立至今，團隊成員來來去去，其中也不乏有開店元老一路相挺至今。「會留下來的，就是認同品牌理念的好夥伴們。」芙娜莎能夠走到今日，每一位夥伴都功不可沒。在經營十多年間，芙娜莎追求的是「服務品質的一致性」，要讓顧客感受到芙娜莎全體上下對於品質的要求。有效建立起顧客的忠誠度，以及夥伴自身的成就感與自信心。

## 挫折都是成長的墊腳石

「創業遇到最大的困難，大概就是一開始的家庭革命吧。」陳董事長笑著說。原是資管背景的她，可以預見的未來大概是高薪又穩定的職場人生。因此，在她告知父母她決定投身充滿未知的美容事業時，可想而知的是父母會有多反對。最後，父母看著女兒堅定且不願放棄的眼神，決定支持，做最強後盾。

## 不一樣的加盟

未來芙娜莎將成立「學院平台」，學員除了美容知識外，也能得到經營管理方面的經驗傳授。

若因此有了加盟的意願，芙娜莎也會挑選認同品牌理念的加盟主，進行專業的「帶店服務」，在開店初期將會到場協助，建立起制度，不至於瞎子摸象，走太多彎路。

圖：講座現場，營運管理課程

## 實現個人目標後，是社會責任

看著品牌一步一腳印的成長至今，陳董事長有著滿滿的驕傲與感謝。也因為這份“感謝”，讓她有了回饋社會的動機。與小農合作推廣在地甜柿、號召民眾捐血做公益，這兩年更是積極走入社區，為老年人提供免費的美容服務。看著老人家們感恩又感動的眼神，芙娜莎的夥伴們內心是富足又充滿感動的。

圖：邀請擁有國際 AFAA 證照的健身規劃師來分享如何調整體態、活力健康 100 分講座

圖：芙娜莎是一間熱情又有活力的公司，意想不到的背後是充滿理想熱情洋溢的一群人，打造在地經營 10 幾年的美容健康事業

圖：芙娜莎團隊一同攜手號召民眾，為捐血中心做出行動，「捐血一袋，救人一命」

圖：芙娜莎連續 27 場的長照社區關懷年長者，為這個社會帶來溫暖

### 品牌核心價值

合作，你心中有我、我心中有你；快樂，付出不求回報； 愛，從別人的需要看到自己的責任。

### 經營者理念

以人為本的保養概念。

**芙娜莎 SPA 會館 ( 每週日、一公休 )**

台中忠明店 / 台中市西區忠明南路 181-1 號 / 04-2301-0203

彰化中正店 / 彰化縣彰化市中正路二段 216 號 / 04-7275-887

彰化員林店 / 彰化縣員林市林森路 409 號 / 04-833-0803

新竹巨城店 / 新竹市東區民權路 60 號 / 03-533-5559

官方網站：https://www.frnasaspa.com.tw/

Facebook：Frnasa 芙娜莎－專業級功能型保養品

# 凱綸 Karen's 指甲莊園

圖：Karen 歷年來在全台各地開設講座，分享原創沙龍訂價理念

## 展現誠意，讓做美甲成為享受

2008 年從一人工作室起家，到現在已經擁有兩間美甲店的凱綸 Karen's 指甲莊園創辦人 Karen，秉持著「注重細節和氛圍」的理念，以及「讓顧客感受到誠意」的服務精神，希望每個人都能把「做美甲」當成最高品質的服務來享受。

---

## 在學習美甲的路上成長

從小，Karen 就因為天生的崁甲（指甲內捲到肉裡），而時常被母親帶去給瓦皮師傅修剪指甲；久而久之，竟讓她對指甲越來越有興趣。上了大學，進入國貿系就讀，卻發現自己對商科沒有興趣的 Karen，便開始瞞著家人，偷偷在外面上美甲課。為了存美甲課的學費，她便在二手精品店打工；每存到一筆錢，就拿去上課。慢慢地，從基礎的保養到進階的彩繪，Karen 一點一滴地學會了。

不過，她從未想過要把這項興趣轉成正職；偶爾去朋友的婚禮幫忙做做甲片，便已經心滿意足，直到某天在精品店上班時，Karen 剛好和隔壁服飾店的老闆娘聊到自己正在學美甲；殊不知對方一聽到就十分激動，鼓勵她要出來接客人。「那位大姊是我最大的貴人，如果沒有她，我或許永遠不會踏出這一步。」於是，Karen 就這樣開啟了自己的美甲師生涯；而服飾店的老闆娘，便成為她第一位收費的客人。

儘管當時技術十分生澀，只能做簡單的修剪指甲，可是老闆娘並不在意，反而還為她介紹身邊的朋友。「大姊平常有固定會去的美甲店，根本可以不用我；卻願意給我機會，讓我十分感動。」漸漸地，Karen 不僅在一次次的練習中越來越有自信，還摸透了該如何讓顧客在修指甲時感到舒適；自律的她也持續在外面上課，精進自己的美甲技術。

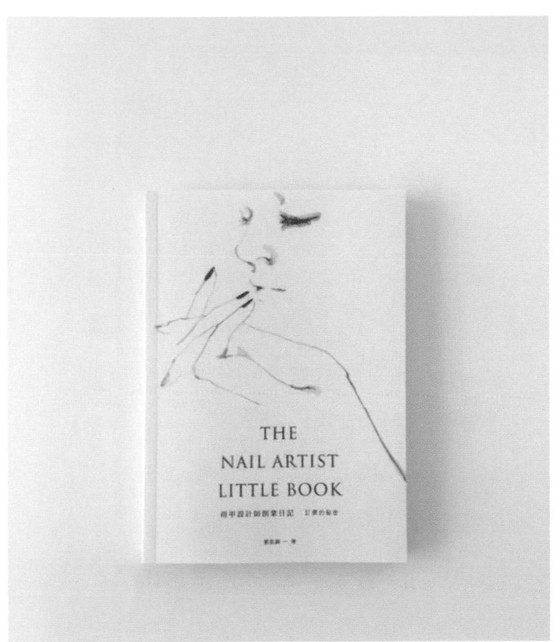

圖：Karen 於 2017 年出版的《The nail artist little book 指甲設計師創業日記—訂價的秘密》

圖：凱綸 Karen's 指甲莊園創辦人 Karen

## 從單打獨鬥到擁有團隊

Karen 強調，除了貴人的協助外，擁有自律和堅持的心態亦十分重要。「每個人在達到內心所謂的成功前，都沒有資格偷懶。平常我就算沒有客人，也一樣十二點就出現在工作室，研究行銷、美甲技術和經營模式等不同的事；這些事不能都等想做再做。」一年後 Karen 便將工作室移回家裡；為了行銷自己，她到處發傳單、名片，並在大樓的電梯貼廣告。

除此之外，當時正熱門的無名小站也成為 Karen 的行銷工具。平時，她會在上面分享自己學美甲、接客人的日常；沒想到這一經營，客人越來越多。如今回想 Karen 直言，經營無名小站的成功，讓她第一次嗅到網路的商機；是故現在，「行銷」也成為凱綸指甲莊園的經營重點。

## 日式美甲教育的嚴謹與細心

Karen 在成為職業美甲師的五、六年後，她選擇前往日本「Sunshine Babe」開設的美甲班，從頭開始學習。她認為，學技術的人必須適時地讓自己歸零，才能虛心地吸收新知。Karen 也分享，日本和台灣老師最不一樣的地方在於「教學態度」。以實作課為例，日本老師在教課時，學生不能在台下聊天；相反地，台灣老師卻不會在意。

除此之外，在考證照時，日本老師在評分上是注重操作過程，像是甘皮剪、磨棒的拿法；但台灣老師較注重結果，像是花畫得如何。是故在日式教育的影響下，Karen 自認，她和許多台灣老師的教學方式，也越來越接近日本。

## 頂級的服務，熱忱的教學

目前，凱綸 Karen's 指甲莊除了提供日式的凝膠美甲，還有各式的手足保養服務。值得一提的是，在深層保養方面，店內是使用法國 diptyque、義大利 SMN 等高級保養品，搭配不同程度的按摩技巧，達成為顧客去角質和保濕的功效。

平時，Karen 亦致力於美甲教育的工作，並發展出技術創業、經營行銷教學，和個人專屬的經營顧問服務，傳承自己開業十四年的經營祕訣。首先在技術創業教學方面，她建立出「指甲沙龍創業」和「藝術美感雕琢」兩大教學核心，從藝術培養的角度出發，輔導學生從專業走到創業。接著在經營行銷教學方面，Karen 主張「訂價是一切行銷的根本」，因此有關美業創業者需要了解的訂價，如款式、薪資和折扣等，皆是她的課程範圍；最後在經營顧問方面，她則以「讓沙龍永續經營」為服務目標。

圖：Karen 會定期舉辦美甲技術彩繪課程

圖：凱綸 Karen's 指甲莊園期望提升美甲服務的質感，讓大眾對美甲業改觀

圖：凱綸 Karen's 指甲莊園使用國外大品牌的產品，並提供舒適優美的空間環境，為顧客帶來頂級服務

## 團隊經營三法：去階級化、對的地方用對人、鼓勵自主學習

Karen 分享，自己在帶領團隊時，主要有三個原則。首先是去階級化的管理；她表示，除了台北店有店長外，台南店的工作環境內並沒有使用職稱。不僅如此，Karen 也把員工稱呼為「工作夥伴」，以保持互相尊重的關係；然而她強調，平時雖然把員工當成朋友相處，但還是要和她們保持適當的距離，發生事情時才有立場保護自己。原來，以前曾有員工把 Karen 私下講的話轉述給顧客聽，令她十分難過，自此之後 Karen 便對自己的言行舉止格外小心；不僅不會在社群軟體上放和員工的合照，也不和員工討論客人的事。每當員工和顧客發生糾紛時，她便馬上出面解決問題，不做過多的評論；因此 Karen 坦言，儘管員工不一定喜歡自己，但一定會尊重她。

接著 Karen 認為，要讓每位員工被擺在對的位置，才能為團隊創造最大的效益。她以美甲風格為例，提到自己並不會要求店內的美甲師要統一風格。「我覺得，只要把自己擅長的事做好；像我就不會逼迫擅長手繪的老師，一定要很會修指甲。」最後一點，則是不對員工做頻繁且無意義的教育訓練，「我的想法很簡單，你今天來上班，要運用自己的靈敏度學習；就算犯錯，也是一種學習。」，她認為，若員工都能學著獨當一面，成長便會十分快速。

## 為夢想奮力一搏，直到變成家族的驕傲

創業至今十四年的 Karen 表示，一開始踏入美甲業時，引來家人極大的反彈。當年，許多人對美甲師仍有「都是不會讀書的人」的刻板印象，令她非常不服氣。「大學畢業後的某天，我爸打給我，問我開始找工作了沒，我說我找美甲店的工作，他在電話那頭好氣，說我找的他都不喜歡，要我去他朋友的貿易公司上班。」然而在事業有成後，身邊的家人也從原本的不理解，到慢慢願意信任她的選擇。「這幾年無意間都會在家族聚會上，聽到我爸跟別人稱讚我，說我是他的驕傲，還會把我的書送給大家。」

另外，大學時所學的商業理論和觀念，亦使得 Karen 發現，其實人生的每一段經歷都有自己的道理。「以前都不知道我為什麼要念商科；可是現在，我反而覺得學商對我幫助很大，因為真的有學以致用。」誠然，這一點，我們可以從 Karen 的訂價、行銷理念中看出端倪。

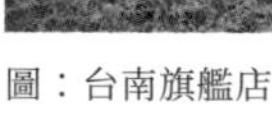
圖：台南旗艦店

圖：凱綸 Karen's 指甲莊園希望顧客都可以把「做美甲」當成享受

## 傳承理念，改變美甲生態

成為老師後，或許是體會到教育為人們帶來的影響與改變，Karen 因此對整個美甲生態抱有很大的期許。「我希望讓美甲師變成人人尊敬的行業，像職人、藝術家那樣；但這個改變並不是五年、十年就可以做到。」Karen 也期待，未來員工如果願意傳承她研究出的訂價、行銷理論，並持續教育「展現誠意」的重要，使新生代美甲師們在服務時，都能注重細節與氛圍的營造；那麼改變美甲生態的日子，總有一天會到來。

## 入行前先培養基本功，並懂得多方學習

Karen 最後提到，美甲師作為技術者，不僅要隨時關注當前的時尚潮流、材料技術等，還必須不斷精進自我。是故，她十分鼓勵想入行的人去報名不同的美甲課程，多方嘗試和學習。說到底，指甲技法和藝術領域太過廣闊，並非上過一次課就能完全洞悉內容；因此 Karen 希望，想入行的人不要心急，只要按照自己的步調學習，即能慢慢進步。目前，她所開設的技術創業班也以「沙龍專業」為主軸，強調基本功的訓練；對 Karen 來說，唯有紮實的基本功，才能把握美甲技藝中的細節，讓事業細水長流。

### 經營者語錄

堅持是最重要的事，因為像美甲技術、行銷，都不是短時間內就能看到成果。如果是已經下定決心要做的事，就盡力、努力把它做好。畢竟唯有努力過了，才有資格說放棄；而放棄其實也是一種選擇。如此一來，才能誕生新的開始。

### 凱綸 Karen's 指甲莊園

台南旗艦店

公司地址：台南市南區興昌路九巷 1 號 1 樓

聯絡電話：06-265-5660

Facebook：凱綸 Karen's 指甲莊園

Instagram：@karens_nail_shop

台北形象店

公司地址：台北市信義區忠孝東路五段 358 號 2 樓

聯絡電話：02-8772-7865

Facebook：凱婷 Karen's 指甲莊園

Instagram：@katt_nail_taipei

# 莎莎精緻形象美學 Queena Image Beauty Studio

圖：紋繡技術市場仍不成熟的時候，Queena 就毅然引進高規格技術

## 以創新的服務內容，打造獨特而吸睛的品牌形象

在競爭激烈的美容業，一間預約需要付定金，還附帶其他規範的美容工作室，會不會讓客人卻步不前？莎莎精緻形象美學 Queena Studio 的答案是：「不會」，且臨時預約還需碰運氣才能約得到。莎莎精緻形象美學 Queena Studio 設下的原則，都是為了提供客人最完美細膩的服務，唯有品質無可挑剔，才能夠避免削價惡性競爭，讓品牌永續經營。

## 精緻化撥筋服務體驗，滿足紓壓、健康及美容全方位需求

「以往美容沙龍跟撥筋，完全是分開的兩個區塊。」創辦人 Queena 表示：「大家想到美容沙龍，可能會想到柔和的燈光，客人喝著茶跟美容師閒話家常的情境，而提供撥筋的服務環境，多半是位於市場或街邊的店面，客人買鐘點，按摩師傅就直接施作，是一種快速、有效率的經絡按摩服務。」撥筋是幫助客人消除疲勞、排毒美容的服務，那麼，是不是能把撥筋服務，從快速放鬆紓壓，提升到更精緻、舒適的層次呢？

於是，Queena 想到了結合撥筋、美容沙龍及新穎角蛋白技術，一開始創業時就做出明確的市場區隔。「在客人預約時段內，她們可以擁有專屬的空間。」Queena 表示。「例如，用包廂設計來取代沙龍常用的拉簾，所有空間設計細節，都是為了保護客人對隱私的需求，滿足釋放壓力的渴望，很多客人都表示，在家睡眠品質並不好，但是來到 Queena Studio 反而能夠安心入睡。

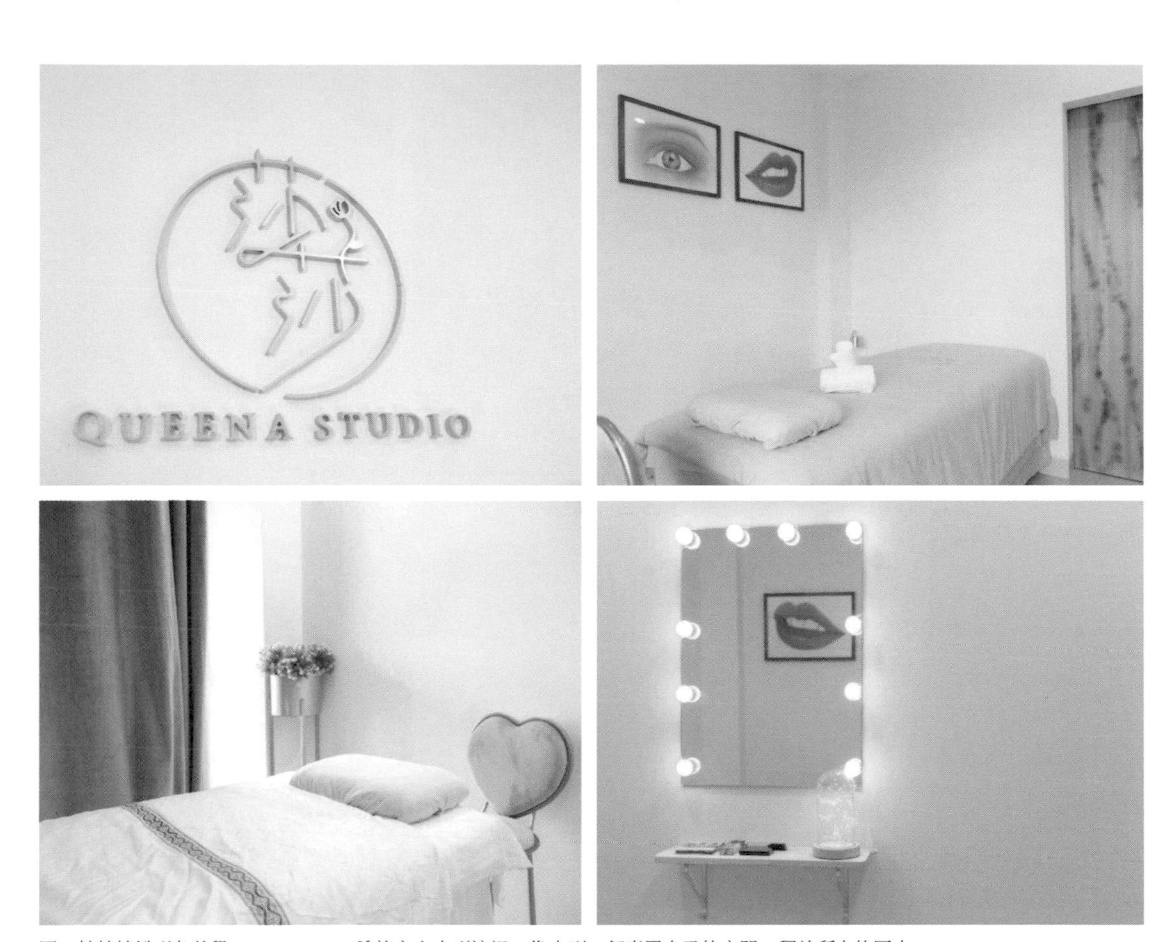


圖：莎莎精緻形象美學 Queena Studio 希望客人來到這裡，像來到一個專屬自己的空間，釋放所有的壓力

## 傾盡一切，讓服務環節盡善盡美

Queena 認為，守住原則，將規範溝通清楚，是對服務品質最大的尊重，也是建立長期關係的基礎，給客人一個無壓的環境、舒適的體驗，來到 Queena Studio 的客人可以無負擔的享受單堂護膚課程，也可選擇更優惠的方案，一切以客人需求為主。不主動推銷包套或長期方案，那麼，Queena Studio 留住客人的秘訣是什麼呢？「魔鬼藏在細節裡，來過的客人就能感覺得到。」

以 Queena Studio 著名的低痛感清粉刺技術為例，「許多做過清粉刺的人，在來到 Queena Studio 之前，都認為清粉刺有明顯痛感、皮膚紅腫有傷口等是必須忍受的過程，但在 Queena Studio 清粉刺痛感輕微，結束時，也幾乎看不出剛做完臉清完粉刺，反而對自己皮膚的透亮感大為驚豔。」在清理粉刺的環節中，Queena 會戴上護目鏡跟手套，維持最高規格的衛生標準，並使用醫療專用的高壓滅菌鍋來消毒工具。「高壓滅菌鍋是用來消毒外科手術刀的專用設備，使用到這麼高規格設備的美容沙龍真的蠻少的，但我就是一個可以做到一百分，就不想只做到九十分的人。」Queena 表示。

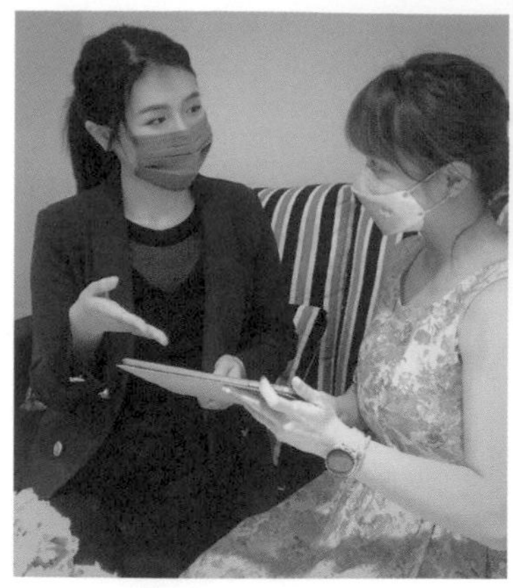
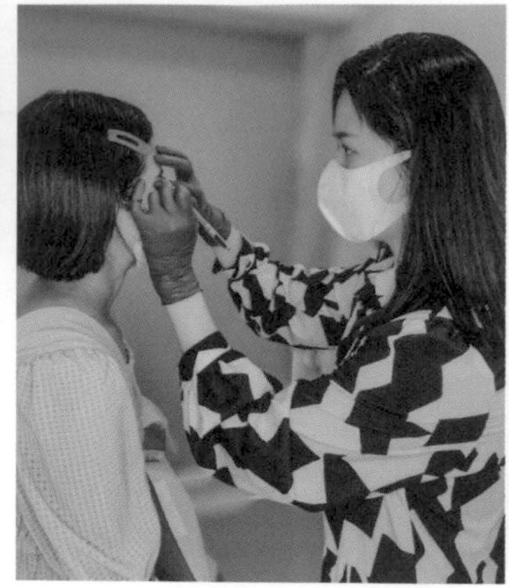
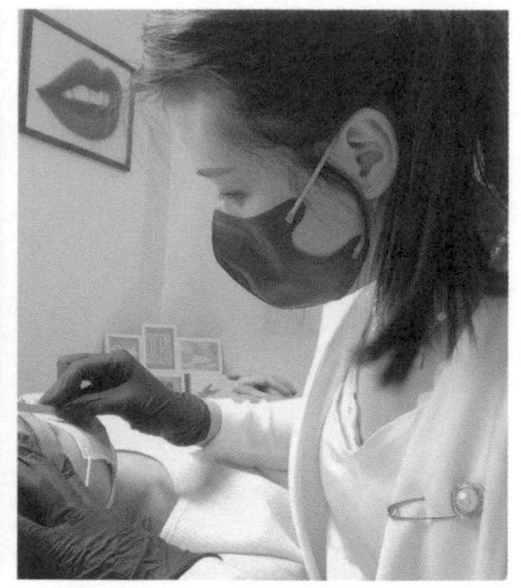

圖：從預約流程、課程定價到設備投資，Queena 所堅持的前提都是，要讓客人無壓力、放心地享受所有服務環節

## 精益求精，持續提升附加價值

通常，複合式的美容沙龍會有一兩個專精項目，例如有的美容師以紋繡見長，有些專攻美睫。「然而，在客人眼中，我們每個項目都是勢均力敵，有的客人原來只預約單項服務如清粉刺等，後來發現我們的霧眉與美睫風格也很吸引人，就直接預約包套服務。」

「時下皮膚保健觀念、時尚潮流及法律規範等改變速度太快，各項技術手法、行銷經營、法律知識，都要不斷地更新。」Queena 每個月都會為自己規劃多方面的進修，從未間斷學習，為的就是讓品牌保持在美業前端，提供頂尖的服務。曾有客人表示，成為固定客人之後，每次約時間，都發現 Queena 的排程越來越滿、越來越難約，「通常我的客人在進行療程後，腦中都在盤算著，要趕快敲定下一次服務時間，免得被別人約走。」Queena 嚴以律己的態度，也充分反映在作品的質感與客人的滿意度上。

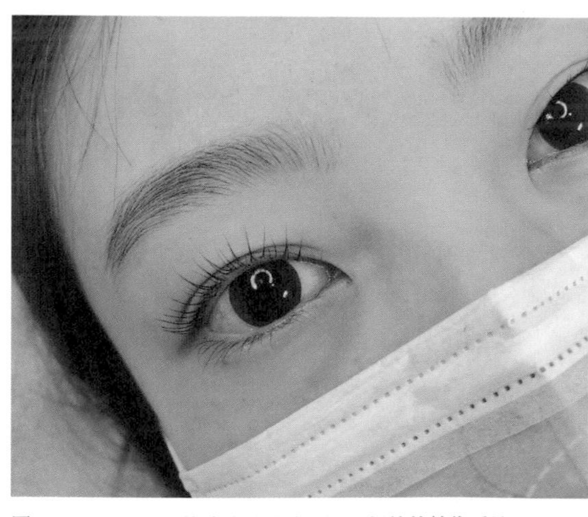
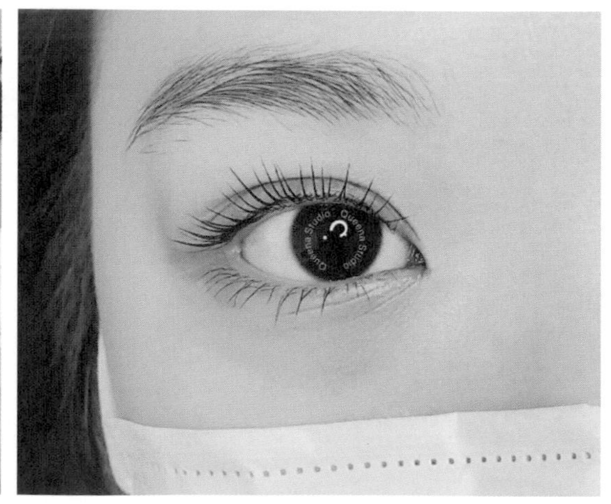

圖：Queena Studio 的法式花瓣睫，運用獨特的技術手法，呈現清新自然的風格

## 掌握機遇、敏捷行動的創業法則

「創業的路上，把產品跟服務做好是基本功，但品牌存續並成功經營的要素，在於你有沒有掌握到每一次該轉彎、該做出改變的機運。」大學就讀英文系、曾擔任外銷公司業務的 Queena 表示，如果不是當初想到了結合撥筋與美容服務的概念，立刻付諸行動，或許自己仍是個上班族，不像現在能夠擁有自己的品牌，活出自己想要的人生。

2017 年，角蛋白美睫技術剛引進台灣，Queena 就找了最高規格的國際級師資學習技術，包括手法、藥劑的使用也都符合其標準，後來角蛋白美睫市場規模大開，各種低價藥劑流入市面，至今 Quenna 使用的仍是最高規格的藥劑。紋繡服務方面，Quenna 也鞭策自己要學到最好，才為客人提供服務：「在 2019 年，當時台灣的紋繡技術還不成熟，許多消費者施作完會出現類似蠟筆小新般明顯的區塊，後續也要面對結厚痂、褪色偏橘或偏紅的問題。」

於是，Queena 毅然踏上中國大陸，花了整整一個月，學習當時最先進的紋繡技術，「包含學費、機票食宿加上一個月不營業的店租成本等，這是一筆蠻高額的進修投資，但既然要學，就要一步到位，直接學最先進的技術。」近年來，素顏妝感變成潮流所趨，霧眉紋繡蔚為主流，Queena 當初的敏捷行動，與學習過程中付出的心血，也讓紋繡成為 Queena Studio 的優勢服務項目之一。

「美容行業，屬於不嚴格創業，學會單項基本技術，就可以成立個人工作室，但技術一直在更新，如果沒有盯緊潮流、抓住機會充實自己並思考轉型，那麼被淘汰掉，也只是轉瞬間的事情。」

2017 年起，Queena Studio 以中式撥筋結合西式美容沙龍的特殊定位，在高雄慢慢站穩腳步，至今 Queena 仍一刻不鬆懈的，隨時把握時間進修，並關注著市場動向，以求掌握先機，「我認為不管做任何事情，都需要擁有創業者的思維，能夠綜觀全局，及時採取行動才能掌握成功的要件。」

### 品牌核心價值

莎莎精緻形象美學 Queena Studio 將傳統的撥筋技術，提升到精緻體驗的層次，結合角蛋白、護膚調理、霧眉等美容項目，為客人創造一個可以釋放壓力、由內而外煥然一新的環境，我們堅持將安全擺在施作的首要考量，來到 Queena Studio，不但能體驗頂尖服務品質，更完全不用擔心施作風險。

### 給讀者的話

在準備創業前，可以先盤點自己手上有沒有以下五個關鍵資源，來評估成功的機率。一、能啟發你思考或協助打開知名度的貴人及人脈資源；二、搶先一步掌握情報的機遇跟眼光；三、克服難關的智慧與堅持；四、能夠綜觀全局的創業思維；五、遇到突發狀況能夠支撐營運的配套措施及資金。

**莎莎精緻形象美學 Queena Image Beauty Studio**

Facebook：莎莎精緻形象美學 Queena Image Beauty Studio

Instagram：@fcqueena

Line：@queena

# 蒂凡尼彩繪玻璃燈飾

圖：創辦者陳世幸與彩繪燈飾結緣 32 年，創造出無數經典

## 用手工為生活點綴古典浪漫逸趣

龍記洋行創辦者陳世幸以製筆多年的經驗，結合精緻美學思路，另創立鑲嵌玻璃至今 32 年，是台灣做彩色玻璃的源頭之一，向完美十九世紀的藝術大師路易斯・蒂芬尼致敬，將精湛的現代工藝與古典高雅的彩繪燈飾融合，創造出令人驚嘆的珍藏作品。

---

## 指尖雕琢的溫度—與彩色燈飾結緣

32 年前，陳世幸以筆業起家，在金融風暴的前幾年，她就對產業產生了危機意識，加上本身就喜愛美的事物，於是轉型做高難度的工藝品，在因緣際會下，與彩色玻璃結緣，於是製作了蒂凡尼彩繪玻璃燈飾，由於她的作工精細講究，可以說是台灣鑽研彩色玻璃的佼佼者，店面在巷弄中，沒特別做行銷、默默經營，近年來有朋友介紹，外銷到國外去也大受歡迎，從小小的數量慢慢做大，也打開知名度。

要做出漂亮的彩色玻璃，光挑色就很有難度，「假設要有天空，這塊玻璃就得要有天空的色澤，玻璃很重，要兩個人一起搬動挑選，光挑色要挑上 20 天都有可能！加上玻璃是流動的，顏色的挑選也要下功夫，這樣整片顏色才能一體成形，屏風是越大越難做，因為連翻面都很難……」要做每一盞彩色玻璃燈飾都是真功夫，「設計圖畫好後，交給美工部，討論調色、確認圖稿，要先做黑白稿，把紙張剪下，放在薄塑膠板上，描繪出每個物件再剪下，放在相對應顏色的玻璃上，反覆描繪後再進行切割，由於玻璃切平面容易割手，割好要磨，燈飾也有弧度，需要導角，用銅模包好，將一片片玻璃放上，再將無鉛錫線用兩百多度的高溫去焊接後染黑，染好色才大功告成！」聽陳世幸娓娓道來的工序，處處都是學問，除了店鋪，玻璃工作室不商業化，卻很有文藝氣息，裡面的工藝老師有文化底蘊，遵循嚴謹工法，用指尖的溫度慢慢做出一件件漂亮的彩色玻璃藝品，就這樣過了 32 個年頭。

圖：陳世幸的作工精細講究，可以說是台灣鑽研彩色玻璃的佼佼者

## 一點一滴，成為鑽研彩繪玻璃工藝的專家

在剛開始接觸彩色玻璃工藝的時候，陳世幸也有碰到難題，「比如說做圓形弧度的燈罩，燈座一做歪，整個燈體都歪了得重做，做燈罩會有三面，一個面做好，合起來就能成為完整的一體，剛開模具的前三分之一要開得準，像是做大屏風的時候，一翻可能裡面就破掉了，破太多就要拆掉，如果是黏在一起，下面可能就整個崩解了！」陳世幸這麼形容著，做彩繪燈飾可以說是牽一髮動全身，因此每個工法都要掌握得很精準，避免修補，不過還好她只做精工從不做數量，第一個做錯了，第二個再修正就好了；在台海兩地，做彩色玻璃的人不是沒有，但有時會為了降低工藝成本而做了改良：像是本來需要三百片改成一百片，或是改變型態、形狀或金屬，不過陳世幸總是願意堅守蒂凡尼彩繪玻璃最繁複的工藝技巧。

她以前專做各式筆類外銷，剛開始接觸燈飾工藝，其實連幾吋怎麼看都不知道，於是一邊賣筆，一邊學著做燈，從識別燈的大小，一點一滴慢慢學起來，陳世幸笑談：「以前剛開始賣的時候，其實不懂得定價，賣得很便宜，所以很多外國人來看都會直接買回去。」就這樣，她慢慢開始開發彩色燈飾的市場，到後來燈飾反而變成她的主業。

圖：來蒂凡尼走一遭，彷彿置身古典博物館

圖：彩繪燈飾點綴出生活中的優雅情調

## 如同傳家、鎮店之寶，古董燈飾的無可取代性

做一個彩繪玻璃的器具如此費工，能堅持到現在，與興趣有關，陳世幸也提到：「燈柱、燈蓋都是銅製，幾十年前的銅價今非昔比，現在漲了十倍以上，價格越來越貴，因此彩繪玻璃燈飾是有收藏價值的，很多東西已經絕版再也買不到了。」

彩繪玻璃可以買來當鎮店之寶，家中放一個就很有氣勢，她也坦言：「我的東西貌似很貴，但來現場看到這麼氣派的燈座跟做工，就會發現其實很值得，同樣的東西放到國外會貴兩三倍，因此會希望來買的人，能了解燈飾的歷史，帶著自己真心喜愛的寶物回家，其實我一直最喜歡護送東西到客人家，看到他們開心表情的瞬間。」現在古董燈飾的行情越來越高，人工做出來的藝品慢工出細活，因此顯得無可取代。

從業以來，陳世幸結交了許多好友，客戶中不乏電商、銀行、外商高階、建築大老等，也有委託寄外國的收藏客，更有年輕識貨的客群，客人們來到店裡就像來逛博物館，她認為客人是她的同好，也是知音，即使有時來了不買，也可以討論工藝，互相交流。

圖：古典高雅的彩繪燈飾，在流光中轉換不同的美感。上排圖為已絕版的作品永生樹

## 屬於彩繪玻璃燈飾的優雅沉浸式情懷

提到類似的精緻工藝，其實還有琉璃，用高溫灌製出來、重雕刻的琉璃要價不斐，不過就只有多層單一的顏色，陳世幸表示：「彩繪玻璃是用 220 度焊起來的，拼接要拼得很好，也要焊得精準，會有很多色彩的層次，有透明、斑點、水波紋、拉絲……一塊玻璃可能會有好幾種顏色，從不同角度看都有不同的美，就像一幅畫，在藍天白雲之下，池塘上有蜻蜓飛舞。」

圖：各類屏風，可以做在門上、走廊上、天花板、甚至是相框上

她曾經做過永生樹屏風，中間是一片藍，陽光從外透出溪水，從白天到晚上的八個小時，隨著日昇日落，都有不同的轉變，當烈陽照射的時候，被曬出來的彩色玻璃，發出刺艷的絕色，而太陽西下，彩色玻璃隨著日光漸漸變暗，夕陽隨天色變暗，映照彩色玻璃是最美的時刻，這時拿杯紅酒小酌、放著優雅古典的爵士樂，這種愜意穩定的情調，是一般的燈飾無法比擬的。

目前蒂凡尼彩繪玻璃燈飾有各種作品，像是壁燈、立燈、桌燈、吊燈、吸頂燈，也有各類屏風，可以做在門上、走廊上、天花板、相框上，甚至能做出時尚的透明燈飾、跳芭蕾舞的燈、動物燈飾等品項，陳世幸後續想要做熔合玻璃，可以做成玫瑰花、鬱金香等，由於體積小，當成禮品郵寄很適合，未來她也想與建築業合作，將彩色玻璃運用在各式建築，更想做出美麗的穹頂，讓彩色玻璃與各式建築交織出更精彩絕倫的火花。

### 品牌核心價值

堅持她、分享她、展現她、珍藏她

### 經營者語錄

人生不要太計較、不要太多侷限，生活的美妙會圍繞在你的生活中，當你關了一扇窗，上天會為你開另一扇窗，當你認真做事全力以赴，是最美的。

### 給讀者的話

鑲嵌玻璃在台灣非常冷門但卻非常專業，想做要有耐力，沒有耐力做什麼都會很辛苦，得持之以恆；假如真的持續不了，就試著去欣賞她，收藏她，珍典她！

### 蒂凡尼彩繪玻璃燈飾

公司地址：台北市士林區忠誠路二段 118 巷 21 號
聯絡電話：02-2872-6885
官方網站：http://ladydino.com
Instagram：@tiffany_lamp

# Ching Co
# 青可企業社

圖：台灣製造的美甲產品，具有優質的品質

## 線上跨足實體，服務更多美甲玩家

當新冠肺炎疫情肆虐全球，許多國家處在百業蕭條的氛圍中，但在疫情的衝擊下，有些產業非但沒受到影響，反而成功地抓住趨勢變化，逆勢成長，美甲相關產業即是其一。已有兩年電商創業經驗，販賣專業美甲材料、工具的「Ching Co」，在 2022 年決定從線上跨足實體，於台中逢甲開設美甲實體店面，選擇在台灣疫情尚未穩定前，逆勢操作，究竟 Ching Co 背後有哪些特別的創業思維呢？

---

## 不畏疫情，抓住變化逆勢成長

「Ching Co」由兩位年輕、活力十足的情侶莊豐旭、余雅菁共同創立，豐旭原是從事證券產業，雅菁則是名美甲師，兩年前他們一起在電商販賣美甲材料和工具，因為產品品質優良，加上服務態度親切，兩年下來累積不少死忠的客群。當他們決定在疫情尚未平息前，投資開設實體店面時，這個決定讓不少人感到驚訝。豐旭說：「決定開設實體店面，其實不是為了賺更多的錢，而是因為一直以來都有網友私訊我們，詢問是否有實體店面能購買和自取，為了能夠服務更多支持我們的消費者，才決定從線上走到線下。」

台灣各縣市的美甲材料行數量本就不多，但豐旭觀察到，越來越多女孩都有做美甲的習慣，加上不少顧客都殷殷期待他們能有實體店面，因此他們決定將做電商的營收，轉移一部分來投資實體店面。不同於其他美甲材料行只是販賣材料與工具，豐旭和雅菁規劃店面時，決定留出一個空間，作為顧客體驗區，讓顧客不只來逛，更能和朋友相約一起來「玩」美甲，使單純的購物增添新鮮且有趣的體驗。

圖：Ching Co 實體店面清新簡約，設有顧客體驗區，讓民眾能一起玩美甲

「店裡大部分商品都能讓顧客試用，並放上圖文並茂的的圖示，教導顧客如何使用這些美甲材料，同時我們也會拍攝教學影片，讓顧客一邊體驗、試用，還能學習怎麼 DIY 做出漂亮的美甲。我們主推的產品都是台灣製造，也會經過專業美甲師測試，品質上不會有任何疑慮，產品也獲得許多顧客的稱讚與回購。」豐旭說明。

儘管疫情讓許多店家都受到衝擊，不堪負荷房租的商店紛紛歇業，但豐旭卻發現美甲材料營業額有增加的趨勢。豐旭和雅菁猜測，有可能是因為疫情的關係，人人都要戴上口罩，女生比較沒有化妝或做臉部美容的動力，因此就會將想變美的焦點，轉移到指甲，也使美甲相關產業的業績不減反增。

圖：部分產品提供試用，讓消費者更安心

## 台灣製造品質優良，專業美甲師心中的第一品牌

一開始 Ching Co 在電商上販賣的美甲相關產品，多是中國製造，但豐旭和雅菁有感於美甲需要使用的功能膠及溶劑，中國製有品質參差不齊的問題，因此他們決定，不能只做批貨販賣，必須要想辦法開發出品質更好、沒有安全疑慮的產品，這也促使他們在 2021 年，在地研發且生產，創立台灣美甲品牌「Ching Co」。

豐旭表示，在研發過程中會和工廠不斷地溝通且調整，再經由美甲師實際操作，經過測試達到理想，才會開始販售。因為豐旭和雅菁對於品質相當要求，這也讓 Ching Co 推出產品的速度較為緩慢，每個月大約只有一到兩樣產品問世。豐旭和雅菁相信「慢慢來，比較快」，當商品有穩定的品質才能免去後面更多不必要的麻煩。

## 多重附加價值，獲得消費者信賴

因為網際網路的發達，美甲相關產業也相當競爭，如何在血流成河的紅海市場中，不降價競爭，首先，最重要的是為產品增添更多附加價值，並創造出屬於自己的「藍海」，才能讓品牌有永續經營的可能性。豐旭分享在電商販賣時，曾碰過競爭對手針對 Ching Co 的主力產品，蓄意削價競爭，一開始豐旭會因應對手調降同款產品，也將自家產品價格下調，但久了之後，他發現這將會導致惡性循環，不僅讓整個市場體質變得更惡劣，也讓利潤大為縮減。

因此後來豐旭決定不要因為競爭對手的策略而隨之起舞，應該要踩穩腳步維持自己設定的價格。豐旭表示，透過電商販賣商品，要非常了解消費者的心態，消費者往往不會去買最便宜的東西，因為他們擔心太便宜的東西，品質會比較差，所以同一款產品，消費者反而會跟第二、三便宜的店家購買。或許因為削價競爭的策略，沒有發揮效用，競爭對手過沒多久也將價格上調。

圖：Ching Co 未來規劃推出 Youtube 頻道，服務更多喜愛美甲的朋友

## 從心出發，體貼耐心經營顧客關係

Ching Co 在電商上的銷售佳績，大家有目共睹，會有這樣的好成績除了產品品質、價格策略等因素外，豐旭認為售後服務也相當重要。豐旭表示，他們有販賣美甲機器，機器若是在無人為因素下，有故障的狀況，他們願意無條件為消費者換貨，但因為有些美甲玩家沒有學習過機器的操作技巧，有時會因為自己使用方式不當，造成機器故障的狀況。通常面對這種狀況，有些賣家就不願意換貨，但 Ching Co 願意花心思教導顧客如何使用，並提供一次換貨的機會，這讓顧客不僅能學習使用機器的相關知識，也能解決機器壞掉的換貨問題。豐旭笑說：「有時候還是會因為顧客的態度，發生理智線不小心斷掉的情形，但我們還是會趕快幫他處理啦！」

未來，Ching Co 也規劃推出 Youtube 頻道，由美甲師雅菁拍攝教學影片，讓更多喜愛美甲的朋友能透過影片一起學習美甲。同時，Ching Co 也規劃在台灣各縣市設立更多的據點，服務喜歡美甲的朋友。

圖：多種顏色供選擇，滿足客人所有需求

圖：Ching Co 可撥底膠 ，Peel Off Base Gel 剝剝膠、功能膠

### 品牌核心價值

Ching Co 產品研發過程中，會由專業美甲師實際測試，能將最好的品質呈現給大眾，希望陪伴每個喜愛美甲的人，一起享受愉快的美甲時刻。

### 經營者語錄

任何產品都需要為消費者提供更多的附加價值，才能讓品牌在競爭的市場中脫穎而出。喜愛美甲的朋友們，讓 Ching Co 陪伴您的每個美甲時刻吧！

**Ching Co 青可企業社**

店家地址：台中市西屯區上明一街 78 號 1 樓

聯絡電話：04-2451-8651

Facebook：Ching Co Store 美甲小舖

Instagram：@ching_co_store

# 永吉搬家

圖：永吉搬家的價值，一直都在每位客戶的口碑裡見證

## 搬家不只搬東西，還會搬走你的心

如果有天你對人生有更好的嚮往了，會不會想換個居所展開新的生活呢？「家，是生命的根」永吉搬家，從一代的白手起家，到二代的傳承創新，懷抱著幫助人們在新家，開始正面新生活的理念，默默在業界耕耘了 30 年。每一次搬家，都是在新地點播種插秧，搬往想去的地方。

---

## 創辦人的搬運初心

電話那頭，是說話有辨識度的一位 30 歲男性，交大電機系畢業的阿岳，透過有溫度的口吻，娓娓道來父親白手起家的初衷：「其實我沒想過要做搬家產業，但那年大四，從新竹回到台中的大坑山上，父親用閒暇時間栽種玉山圓柏和樟樹，我看著他，把一棵植物鬆了土壤，緩緩拾起，又栽種到另個土讓上，蓋土、澆灌，嘴裡說著，這就像搬家一樣……」

當時阿岳明白了父親的工作的心態，原來搬家，就是將人們的家，從一個土壤，移植到另一個土壤，重新長出新的枝枒和生命，這就是「搬家的意義」。

「搬家不只是技術活，更會關心你生活」從 1989 年創立至今，永吉搬家創始人林明專，秉持初衷，客人從剛出社會到買房結婚生子的換屋搬遷，都由「專哥」包辦。從客人變成好友，從點頭之交到深交情，永吉搬家，不打價格戰，秉持「良心交易通四海、一步一腳印」的精神，搬家一口價，不坐地起價，30 年來客戶轉介紹佔了業績 7 成以上。專哥得過國家工商人才金像獎、國家品質保證獎，前行政院院長林洋港、好市多正副店長、甚至台中在地知名的建設公司、台中火力發電廠，都是專哥的客戶。

走過 1995-2000 年經濟不景氣的風風雨雨，專哥用有溫度的雙手、充滿責任的肩膀以及兩台全省跑透透的貨車，和師傅們篳路藍縷走過 26 年，養大了「林家」的兩個兄弟——威廉和阿岳。

圖：永吉搬家除了專業，也注重與顧客間交流的溫度

## 家族事業與客戶交情的延續

永吉搬家的 Google 評論幾乎都是好評：「效率高、師傅幽默風趣、還會再幫忙轉介紹⋯⋯」阿岳說：「其實我哥回來接手之後，客戶們更開心，威廉不忍搬家的技藝只能是記憶，原本在台中知名燒烤店和老闆做創業先鋒的他，決心傳承搬家的技術和溫度！雖然學習不到 5 年，但客人以為他已經做了 10 幾年，可見他的認真！」威廉是如何傳承父輩的心意和技術？威廉常說：「搬家對客人來說，已經很燒腦了，我們要幫客人解決煩惱，才能創造價值，走入人心！」

「有一次，透過客人轉介紹，我和威廉來到一戶四樓的住家，裡頭東西很多，威廉拿著一本冊子還有一支筆，用心的紀錄客人說要搬運的傢俱和裝箱打包物，估價後，客人語調上升眼睛瞪大說：『怎麼跟五年前開的一樣？你們花多久時間？幾個人？』人數相較過去多了 3 人，整體搬運時間也比過去少 1/2，客人欣喜若狂，又帶著我們去後房，說有一塊 250 公分的照妖鏡，不知道新家電梯能否進去，威廉將鏡子上下打量說：『到時候我們會處理！』。」阿岳回憶道。

阿岳接著說：「搬運到新地點，我和威廉原本在樓上將家具拆封定位，也做些小清掃，後來客戶何小姐就問道：『阿岳，你哥怎麼不見了？』我們兩個轉頭看向門口，看著威廉 172 公分的身高，揹著 250 公分的照妖鏡進來屋內，我問：『哥！電梯進得去？』威廉說：『進不去啊！』，我聽到旁邊的何小姐驚呼：『哎呦！太感謝了！阿你揹著爬 10 層樓喔！』那天晚上，我看見何小姐的評論：『以後朋友要搬家絕對會介紹，給我永吉，其餘免談！』。」

用專業，會有口碑的市佔率；有用心，才會有客戶的心佔率，也決定了顧客忠誠度！永吉搬家，成為了人們生命蛻變的推手。威廉更把一次次客人搬家的經驗，拍照紀錄，在臉書上寫下了回憶。服務過的設計師，搬到新家後，被挖角到台積電；服務過的美術老師，從單身找到了靈魂伴侶；婚姻失焦的逃家母子，找到了安心的居所，孩子安穩從高中考上了大學；服務過的企業主或企業高管，一次又一次的轉介紹客戶。

## 傳統不是枷鎖，而是創新的根基

威廉和阿岳，在現場承襲父輩的搬家技藝，更前往日本做搬家見習，持續精進現場作業流程。在經營上修編制度，有別於業界的拆分潤，威廉看見用心的員工，工資上也不會吝嗇。威廉說：「技術師有這個價值，就該肯定！師傅也要養家活口，我的夢想，就是希望跟著我們的這些技術師傅，都能在生活上有保障！賺得到錢，家庭幸福，員工好事業才會長久又良好！」

阿里巴巴的創辦人馬雲在經營分享曾說：「顧客第一、員工第二、股東權益第三。」在威廉的經營上，可以看見這樣的格局和思維。在經營上，二代有新想法和思維，和上一輩也許會有衝突，但是威廉總是秉持著自己在商會所學，以及正向的態度，繼續做該做的事情！一步步證明給父輩看。

阿岳說：「其實我每次去估價，客人見到我，都會用很疑惑的表情和口吻問說：『你真的是搬家公司嗎？』搬家師傅也是可以很有形象的！」

阿岳與威廉聯手，在全台各地商業早餐會、商業午餐會、高端品酒會，四處學習，將自己的境界、思維打破重建，一步步向企業家學習，更讓永吉搬家，開始有了事業新氣象。流利的口才、誠懇的態度，開始有家具業、還有台灣知名整理師平台 Re-life 一起合作，走向更精緻效率、更全面的搬家體驗服務。

阿岳說：「那天接洽到龍巖集團高階主管的住家搬遷，搭配整理師一起服務合作，對方非常滿意！一年內連續轉介紹 4-5 個客人。我真的很感謝父兄二人的堅持，更感恩顧客的支持！經營事業，面對世界，唯一不變的就是變。要有對世界的敬畏也要有對夢想的渴望。對市場，受教不受傷；對夥伴，修正不修理。有溫度也有堅定，有謙虛也能自信！搬出誠意，就是關鍵的口碑力！」

就算疫情，永吉搬家不為情所困，因為持續前進的腳步，和顧客之間的溫度，成為他們成功的基石！每次搬家讓顧客感到放心又踏實！

圖：未來永吉搬家將持續打造更精緻的無痛搬家流程

## 交大電機理工男，從暖心店長變成搬家暖男

威廉積極參與商會，發展異業結盟的人脈，服務的客人包含了業界知名律師、師鐸獎得主、約翰霍普金斯大學醫學博士。事業版圖越做越大，威廉想到自己的弟弟阿岳，在飲料界打滾多年，還有上過壹電視——新聞深呼吸的專訪，是服務業不可多得的人才。加上過去在新創圈、高學歷學府累積的人脈，以及創業的經驗，威廉開始有了兩兄弟一起傳承事業的想法。

永吉搬家的次子阿岳，曾經到海外開過飲料店，有次放假回家鄉，跟著威廉去服務客人，才驚覺：「人與人交流的溫度，在自家產業的服務上得到體現！心意不變，溫度呈現，搬家或飲料，都是傳遞人情的媒介！」

阿岳說到那次翻轉印象的經驗：「那天我和威廉到一棟舊大樓，在門口按完電鈴，住戶開門，是一位年輕的媽媽和不到 4 歲剛會走路的小孩！威廉鞠躬說你好，進去看到住家是樓中樓，年輕媽媽說床在二樓，弄了三天不知道怎麼弄下來。那時候我和威廉上到二樓，他讓我和他在床的對面邊，兩人雙手同時翻立起雙人床墊，接著我們緩緩地將床搬到樓梯邊，我在想，那樓梯轉彎處這麼窄，床怎麼可能過得去，結果我們把床緩緩搬下樓梯，在轉彎處前停住，威廉叫我一起把床抬高，運用中間手把的槓桿，我們不用過轉彎處，咻的一下，床墊就被我們翻下樓，威廉往下走，我們倆一起緩緩把床放到一樓定位。我看見那小孩，開心活蹦的在床上說：『媽媽，我們可以睡覺了！』年輕媽媽趕緊道謝，前後不到 3 分鐘。我驚呆了，看著他們母子兩喜悅的表情，我明白了威廉傳承父親的是什麼！」

2019 年，阿岳回到家族事業，開始在現場一起和威廉、專哥和前輩們一同搬運，更把一次次有溫度的搬家故事，寫在部落格上做紀錄，現在也一篇篇的，透過社群貼文分享出去。

阿岳說：「我的搬家不比大家技術好，但在這家公司，我可以有其他的貢獻！」在現場將近兩年多的學習，威廉很有遠見的，安排阿岳成為公司的業務經理，在各個商會結識優質人脈，繼續擴大事業版圖。

搬家？誰不會……只要是搬家公司都嘛一樣，就看是來現場估價時，誰開的價錢低就談好，就選那家不是嗎？但是搬運過程是不是很小心，很專業，很迅速，很有條不紊，很有效率，很熱心而不辭辛勞的完成高難度的物件？譬如說我那面高度超過250公分的超大鏡子，一個人搬上樓梯10樓，因為電梯進不去！搬完還幫你傢俱櫃，床，電視，音響擺放完美，這樣的能耐，專業，熱誠，的服務，我從沒遇過，別家 都嘛把東西搬進來放著就走了，誰管你要怎麼放才好，所以以後我的朋友要搬家，我決對會大力的推薦……給我永吉，其餘免談！30幾年的好口碑可不是唬人滴！真的謝謝他們了。

圖：永吉搬家總是能解決顧客的困擾，並給予貼心的溫暖

圖：阿岳雖然是搬家師傅，但也透過演說，積極拓展人脈及事業版圖，傳遞搬家價值

## 品牌核心價值

搬家的原因，不是唯一，搬家的意義，始終如一，處處用心，搬走你的心，永吉搬家，幫助人們開啟好運新生活。

## 給讀者的話

用力的時代已經過去，用心的時代已經來臨。終身學習、每日更新！用心服務、耐心學習，是傳統創新的雙核心。學習能不讓自己被淘汰，用心能不讓自己被取代。

### 經營者語錄

成功有六動：人脈靠走動、資金要流動、客戶靠感動、團隊要互動、生活要運動、成功靠行動！

### 永吉搬家

公司地址：台中市北屯區和祥路一段 230 號

聯絡電話：0800-556-789/04-2437-1388

官方網站：https://luckymovers.com.tw/

Facebook：永吉搬家 - 台中搬家

Instagram：@alwaysluckymover

# 卡森復古美式餐廳 Carson Retro Diner

圖：卡森復古美式餐廳外觀，夜晚時霓虹閃爍，營造濃濃復古風情

## 重回絢爛懷舊的美式 1950's

創辦者羅子森用完整的元素，重現美國公路休息站、復刻 1950 美式餐廳風格，創辦兩年以來，風靡無數復古迷，讓來訪者都能在品嘗美食中，盡享懷舊情調。

---

## 復刻 1950 年公路賽車風

羅子森當時會創辦餐飲品牌，純粹是當時做科技業做得心力交瘁，想轉換一下心境，於是轉向餐飲業，他認為：「當時沒想太多，做就對了！既然立志要做這個事業，就要完成心目中最理想的樣子。」因此店裡的一點一滴都出自他的巧思，自行設計再發包工程，當時由於台灣沒有類似的款式，光是沙發就花了兩個月挑選，後來終於在海外找到類似的風格，再進行修改與訂製，由於太耗時費工，親友曾建議他：「何不直接用不銹鋼的就好？」但他認為那樣並不屬於 1950 年的風格，本身就很愛收集復古車的他，一直以來都專注在經典的美式復古氛圍，餐廳是美國公路休息站的風格，採用「RETRO」元素，每個環節都一絲不苟，精準復刻 1950 年代，與時下的美式餐廳有很大的歧異度。

餐廳門口的等位區也很經典，設定居家風，除了復古的屏風與沙發，還放了早期的留聲機、銅製的電扇，留聲機是他 17 年去歐洲最大跳蚤市場馬德里 El Rastro 搬回來的，早期的留聲機播放音樂時，一次只能放一片黑膠、聽一首歌，於是他進行改良：將唱針拔掉，找了尺寸大小符合的圓形藍芽喇叭，利用 3D 列印做出轉接頭，再塞到純銅喇叭上，直接用藍芽播放音樂，卻能保留留聲機的復古造型，有時候羅子森喜歡關掉餐廳的音響，直接用留聲機撥放 20~40 年代的音樂，沉浸在懷舊的美好中。

圖：卡森復古美式餐廳的每個元素都精準復刻美式 1950's

## 彷彿親臨回不去的復古年代

曾經有住南部，從美國回來的客人，在網上看到餐廳而來訪，客人提到：「這些東西在美國的店面看得到，但現在疫情，這就是回不去的一切，是台灣本土複製不來的東西。」目前店內的復古沙發，用特殊工藝在鋼鐵外面貼一層白色皮，邊邊角角用一層層鋁框架框起來，顏色則是粉橘與藍交織，羅子森回顧道：「這其實是經典的美國 1950 福特賽車 GT40 的配色，電影福特大戰法拉利就是用這款賽車。」堅持還原當時的復古色系，由於他對每個細節都很講究，當時訂製的家具也賦予他自己獨特的修正，設定成專屬的外觀，因此連幫他訂製的家具商都覺得別出心裁，將自小的美術天分與美感體現在餐廳的設計上。

卡森復古美式餐廳除了提供餐飲，也提供場租，特殊道地的美式場景，吸引了許多名人與新創品牌來朝聖，像是五月天的潮牌 Stay Real 以及幾位明星的 MV 都曾來此拍攝，羅子森笑著說：「人生大半輩子其實都在念書，一開始真的不知道他們是誰，朋友說了我才知道，陳芳語來拍 MV 時，也有幫我拍幕後花絮，在這裡愉快的用餐，還跟我說這家店是她自己注意到的。」

圖：店內的復古氛圍吸引人們朝聖，
許多藝人網紅都是座上賓

## 卡森之於復古電影

羅子森坦承當時開店，找過老師來看風水，擁有石墨烯學識博士背景的他，認為這並不是迷信，而是一種科學化，設計的動線出餐流暢，收銀也方便。當時開店的名稱，他從算命老師給的選擇中選擇了「卡」，而他自己創辦的科技公司以及自己的名字都有個「森」字，這讓羅子森又想到：「內華達州的首府就叫 Carson City，電影『空中監獄』，犯人飛機墜落在這個美國沙漠風情的城市。」

圖：電影中的場景也是羅子森的創意源頭

一切的巧合，讓他直接定名餐廳為卡森。而店內的調味料罐是採用玻璃與不銹鋼的材質，這個啟發是來自葉問四，他說明：「有一幕葉問去找李小龍，看完表演去餐廳吃飯，裡面的罐子就是這種材質，葉問也是五六零年代的時光背景。」

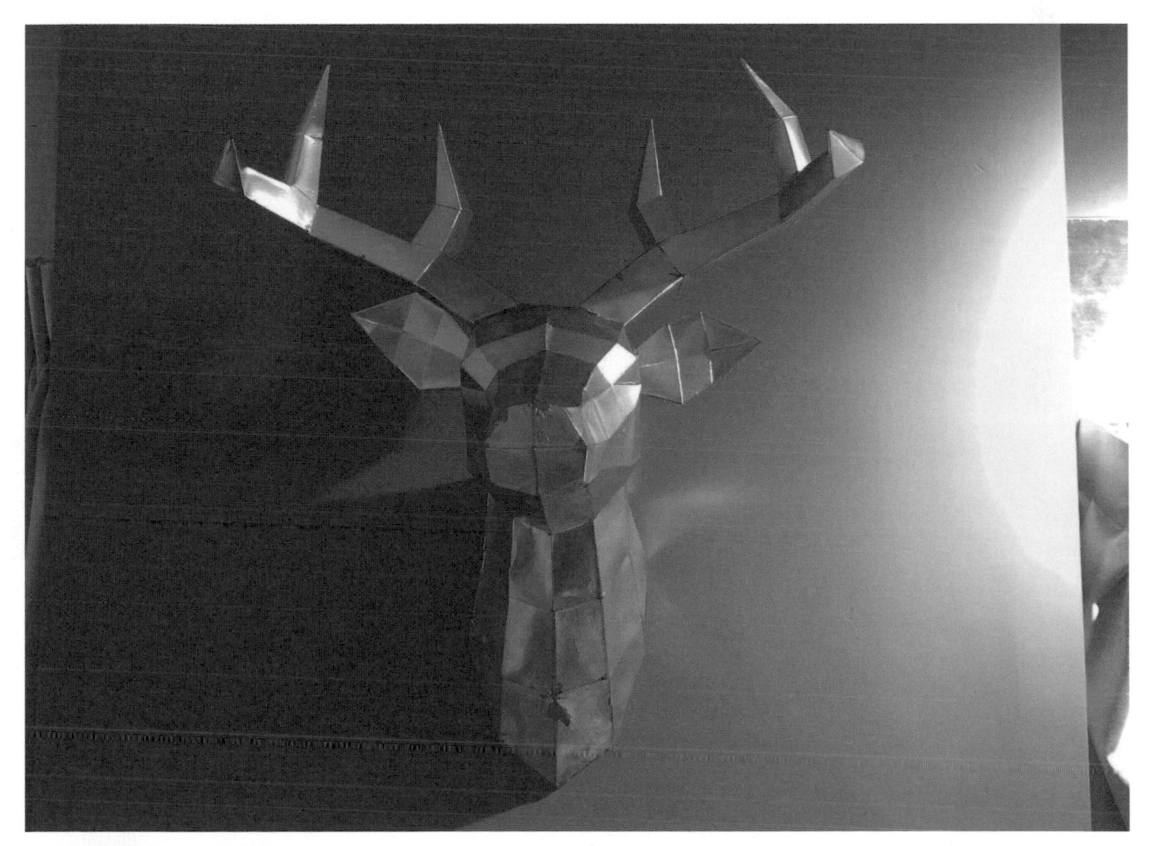
圖：靈感來源自電影的復古擺飾

## 不只裝潢講究，也採用頂級餐飲用料

除了裝潢與家具，羅子森對於店裡販售的食物也非常講究，店裡的東西他一定是再三品嘗，覺得美味，才會成為菜單上的一份子，由於他發現台灣做的速食漢堡多半比較陽春，都是牛絞肉壓完後煎熟，再放生菜、大量的調味料，一層兩層去疊起來。他則想做出很道地的美式漢堡，「我的漢堡是用牛、豬絞肉、香料、麵包粉、蛋、牛奶，一起去調配的，要加一些特殊的佐料配方，還要把肉摔出筋性、低溫烘烤、真空冷凍……而調理用的果露，我是用法國300年的品牌去做的，一般只有頂級酒吧才看得到這種等級的果露。」卡森的食材與成本用料都用最好的，光是肉品就換了三家肉商，除了招牌的卡森漢堡，目前店內有販售排餐、沙拉、義大利麵、燉飯、帕尼尼、三明治等。

圖：卡森所有的食材用料都十分講究，是道地的美式餐點

## 未來是海闊天空的無限可能

目前開店兩年，除了土城本店，今年初在機捷沿線的環球購物中心也開了分店，卡森曾被小有名氣的部落客發現，認為氣氛好、東西也好吃，被推薦後有帶來人氣，但後來也曾歷經疫情自主停業、人員問題暫時關店幾個月，他還自己去張羅擺攤一手包辦，不畏艱難的堅持下來。

目前店內已有真空冷凍的肉品，以後開更多分店，可以運用中央廚房方便配送，更好控管原物料，而手做漢堡肉十分費時費工，日後打算添購大型攪拌機，也正打算規劃內湖店，未來等這幾家店都做穩定了，會計劃去台中開店。台中店會是複製美國最原始的餐車風格，用拖車改造，招牌會鑲在拖車上，還會有霓虹燈；台南店也已經有餐車店的雛形，當這些分店都開啟之後，羅子森認為：「土城本店應該會完全沒生意，這時就改成集團總部，白天當總部，晚上營業 6 至 12 點，轉型以輕食調酒為主的餐廳，一樣會接受場租。」他同時也有在籌劃副品牌，創立主打中央廚房做出之調理包的平價餐飲品牌，到時候可能會是公仔風，對於美式餐廳的未來，擁有無限可能的藍圖，也正逐步實行中。

圖：復古餐車與文創版圖都會是卡森日後的重點規劃

### 品牌核心價值

開店就是要做一些開心沒有壓力的事，希望員工開心、客人開心，即使沒有客人來，當我坐著看著復古又美好的一切，也能感到心靈富足。

### 經營者語錄

成功者三個要素：自己、家人朋友、運氣，不過一切還是運氣最重要，沒有好的契機，有再多朋友或自己再努力，也是枉然。

### 給讀者的話

很多人問我如何創業成功，我認為餐廳要有獨有的特色很重要、人格特質也同等重要，要堅持你的想法，不要做過多妥協。

### 卡森復古美式餐廳 Carson Retro Diner

土城店 / 新北市土城區廣興街 63 號 1 樓 / 02-8966-6619

環球桃園 A19 店 / 桃園市中壢區高鐵南路二段 352 號 5 樓

Facebook：Carson Retro Diner（卡森復古美式餐廳）

Instagram：@carsonretro

# 艾莉韓國批發教學

圖：艾莉韓國批發教學課程現場

## 創造韓貨電商的夢想實行家

創辦者 Alieee 從韓國批發市場剛興起的時候，就進入這個領域，將十多年來所熟悉的韓貨批發型態與實戰經驗，鉅細靡遺整合成一套完整的「經營韓貨賣場」課程，傳授給每位想要走入韓貨領域的創業者。

---

## 與韓貨結下不解之緣

Alieee 從事韓貨採購七年，時常要往來韓國，結婚生子後走入育兒階段，就暫時停止韓國事務，專心養育小孩。這期間身邊有許多朋友都向她請益韓國批貨相關的大小事，她開始尋思，如何把買賣韓貨這個模式轉換成另外一種教學課程，以便跟大家分享。她著手統整了初學者最想要知道的問題與困惑，理成一套自己的韓貨批發流程，進而萌生了授課的念頭。

起初，她找了當初一起工作的夥伴，不論是作業默契或是課程內容都能很快速的達成共識，這位夥伴成為她聘請的韓貨講師，Alieee 認為：「一直以來，她除了專業外，個性也非常熱心，會想把自己知道的事情傾盡所有的告訴別人，所以很適合當韓貨教學老師。」後來她慢慢統整六年來當韓貨採購所有繁雜的資訊以及經驗法則，並找了助理及人在韓國可以對接當地事務的各式夥伴，組織起韓貨教學工作室。

一開始想來上課的都是周圍的友人，由於疫情的影響，產生可能會失業的想法或是對未來感到擔憂，自然而然越來越多人對韓貨教學感興趣，目前創業一年半，已教授兩百多位學生。

圖：Alieee 認為賣韓貨的門檻不高，重點是堅持信念

## 創造屬於每位學生的韓貨批發創業版圖

其實 Alieee 從事韓貨市場這行已經十多個年頭，她從學生時代的第一份打工就開始參與相關事務，因此非常了解其中的生態與獨佔性，由於有固定搭配的物流，後續都可以追蹤學生的狀況，她發現大家幾乎都有持續經營，得知學生們能得到穩定的收入 Alieee 為他們感到開心。

在韓貨授課的內容上，首先教導線上批貨的眉眉角角，以及分享任何會遇到突發狀況。上完課後接著提供東大門的檔口廠商、對接窗口等，可以直接在網上看到各類廠商的價格與款式，多達數千家，就如同親身去東大門逛街一般，並分門別類分析每一棟的品質、材質、價格取向等，可以快速鎖定自己想要賣的商品，因此下課後就可以直接批貨，開啟韓貨網路開店的生意版圖；其他的部分，像是報關行、物流，甚至是行銷的技巧 Alieee 都會提供，課後也有一對一輔導以及組群提問的管道，每三個月會辦課後學員交流，打造賣家彼此間的聯絡平台。

圖：創辦人 Alieee 將十多年來的韓貨經驗整合出一套完整的批發課程

## 毫無保留、一次傳授對接東大門貨源的眉眉角角

一開始還沒有名氣的時候，有一些詢問上課的人會質疑價格，Alieee 雖然願意耐心解答，但心中仍不免困惑，於是她開始回想這些年碰壁得來的經驗：「每次去韓國找門路都要花成本，也曾經繳了很多『學費』買到不符合期待的商品，甚至因為不熟悉當地的作業模式而被通路責罵等等……」她認為這個價格並不貴，其實這套課程最值錢的正是資訊分享與經驗傳承，也可以讓大家少走冤枉路，對於這點，Alieee 表示：「定這價格，是對得起自己良心的價格，東大門那邊的窗口其實很兇，要買過才會理你，我是毫無藏私地把這些經驗與管道全部傳授給學生。」

也有人看到淘寶上有同款的照片，質疑根本不用花這筆錢去上課，對於這點，她親自去批過淘寶圖片一樣的貨源，發現實品送來差很多，版型跟照片完全不同，一分錢一分貨，正版的韓貨會有它的品質與價值在。現在，即使同業會削價競爭，Alieee 的課程也有不可取代性，曾經有在外面上過其他老師課程的人再次回來找她上課，問到原因，她提到：「發現來上課的學生對當地突發狀況的掌握度還是不夠，我就幫他們補足這一塊，也許是我們的實戰經驗多，會更清楚溝通的技巧，像是如果不小心露餡是新手，韓國店家也可能不太理會，很多細節要注意，一切都是經驗。」

## 賣韓貨不難，堅持下去就是你的

開課一年多，Alieee 的信念越來越堅定，她發現很多人都會想賣韓貨，認為做這行很容易，這時她就會告訴他們：「賣韓貨的門檻很低，掌握了貨源之後，要做是不難，但堅持下去的不多，真的立志要創業不是玩票性質，再過來上課會比較好。」她提到很多人在諮詢階段就已經表現出急躁的心態，不過東大門一個月可以跑 10 至 30 萬的新款，款式又跑很快，可能一個月就斷貨，因此要一直去追最新的款式風格賣場才做得起來，Alieee 也坦承：「其實看款真的很累，要敏銳，有市場的眼光，我上課都會傳授行銷的方式，這是我擅長的部份，因此學生丟賣場給我，我都很願意幫他們檢查，提供意見。」

圖：到艾莉韓國批發教學上完課，馬上就可以進行買賣

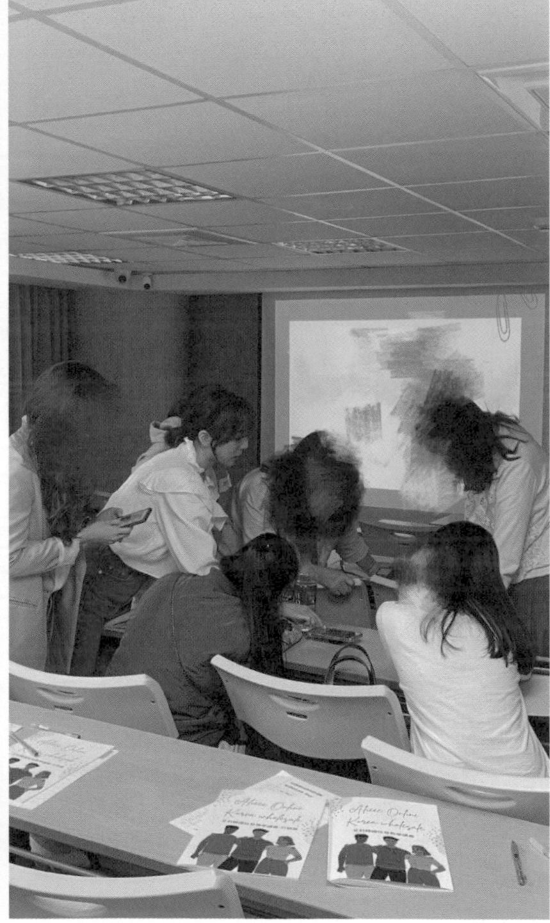

圖：品牌未來將繼續往「韓國批發補習班」的經營模式邁進

## 打造專業韓貨補習班，讓學生共同富裕

未來 Alieee 希望打造「韓國批發補習班」，後續會繼續往更專業的教學品牌邁進，預計未來會聘請各種老師，像是韓文老師、攝影老師、品牌形象老師等等，希望備齊所有跟韓貨批發有關的知識，不過她也坦白：「目前我聘請的授課老師，還是只有一開始合作的那位夥伴，因為我找遍了周圍做電商的人，目前真的還找不到讓我滿意的，除了專業，說話方式真的很重要。」

對於教學品質把關非常嚴格的她，目前還在找尋適合的老師，才會開啟後續課程；由於 Alieee 在疫情前，就常待在韓國把關貨源，因此對於衣服品質與布料的掌握度高，未來她也有個小心願：「希望生產自己的品牌，訂製出精緻的韓版衣飾，再用很低的價格批給學生，讓他們可以拿到 CP 值很高的東西，讓大家都有錢賺！等疫情緩和後，也預計開團帶領學生前往韓國現場批貨。」

圖：實體課程的講義，每一頁都是辛苦親手編寫的精華

## 給讀者的話——快時代的慢悖論：「慢慢來；比較快」

很多人都愛說服裝市場電商已經沒有利潤，好賺的都被賺走了，台灣人又愛削價競爭，不過就我的觀察：只不過是入行門檻太低，大家很容易嘗試，卻更容易放棄，只要願意慢慢、穩穩地做，真的都做得起來。踏入這行不用準備很多錢，卻要有很多耐性，要有「生意不可能一夕間就超級好」的心理準備，低價不是王道，現今的消費者未必會是價格導向的，要更在乎的是消費當下的感受跟體驗，因此店家風格突顯與專業資訊、售後態度、包裝、運費、服務透明化等附加價值才是最重要的，做好功課，慢慢來，真的比較快！

### 品牌核心價值

希望艾莉韓國批發教學是引領學生們走向韓貨創業的明燈，聽到學生賺錢會打從心底開心，更喜愛教學時付出努力，而學生接受到兌現的那份成就感。

### 經營者語錄

創業之路唯一可控因子，就是可以決定自己要多努力，所以在用盡力氣之前就放棄，那麼再試 100 次也不會成功。

### 艾莉韓國批發教學

Facebook：艾莉第一手韓國資源提供，批發教學網

Instagram：@alieee.korea.wholesale

# 鴻昇裝卸倉儲

圖：何佳鴻謙虛表示，他只是打造一個平台，讓員工賺取該得的薪資

## 以人為本

「鴻昇裝卸倉儲有限公司」創辦人何佳鴻，認為自己的人生是「玩」出來的，但既然要玩，就要認真玩、玩到最好。因此，他致力於將較為冷門的裝卸倉儲貨櫃產業品牌化，不僅期許用創新的思維來獲得該有的收益，同時也讓這個行業更受人敬重、立下高水準的標竿。

---

## 將裝卸倉儲貨櫃業注入企業化思維

「鴻昇裝卸倉儲有限公司」創辦暨負責人何佳鴻，在創業前，先和本身已從事裝卸倉儲多年的父親一同工作，進而發覺這個行業本身鮮少有品牌思維。但其實只要將之品牌化、企業化，就能賺取更多收益、更能讓大眾消除對於「粗工」的偏見與刻板印象，並投身其中。因此，為了實現這個目標，於是在兩年後、也就是 2017 年正式獨立創業。而公司至今不僅經營穩定，更逐步整合成一條龍服務，致力成為業界第一把交椅。

## 創業之路從舉步維艱，至現在源源不絕

其實當初獨立出來創業，何佳鴻與父親想法有些出入，因為父親認為裝卸倉儲貨櫃業難以企業化。但何佳鴻認為，雜貨店現在也都演變成具有公司規模的便利商店，那麼這個產業也必定行得通，因此即便沒人認同，他仍堅持自己的理念、持續邁進。他一開始並不懂如何經營公司，資金也不足，所以，在公司尚未穩定前，他同時持續著白天自己接案、和父親工作、晚上兼職做快遞的日子；由於當時想給自己兩個嘗試的機會，因此還另外創立面膜新品牌。

在某次機緣下，於傍晚前往櫻花廚具收貨時，恰好認識內部倉管，並立刻遞上剛出爐的公司名片。過了半年後，櫻花廚具來電尋求合作，進而打開公司嶄新契機；加上過沒多久，專門經營五金及電動工具的美商——史丹利七和國際股份有限公司也成為他的主客戶群之一，進而奠定「鴻昇裝卸倉儲有限公司」營運之重要基礎。於是，何佳鴻從此全心專注於推展裝卸倉儲貨櫃業，並從原本的企業社，轉成為公司。

圖：「鴻昇裝卸倉儲有限公司」名片

創業之路上總是不斷出現挑戰；像是與客戶熟悉後，對方就會開始壓低價格，這也因此讓何佳鴻吃了一些悶虧，但在汲取經驗與不斷改善下，現在公司不僅穩定成長，雙親也開始從旁協助，客源更是源源不絕。

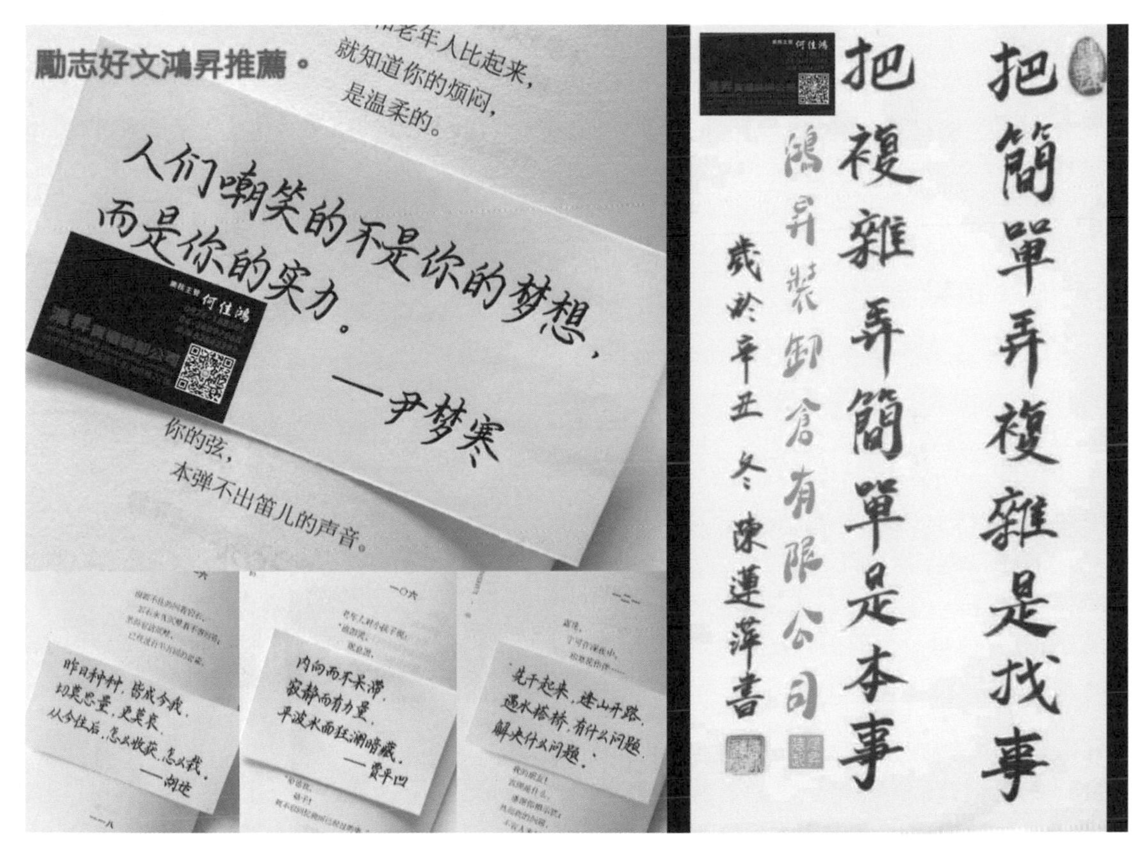


左圖；何佳鴻平時都會吸取各種名人心得與經驗，並實際運用到企業經營上
右圖：「路是人走出來的」何佳鴻認為如果沒有踏出第一步，永遠無法知道可不可行
因此，即便挑戰仍多，還是會繼續堅持、繼續走下去

## 將裝卸倉儲貨櫃業做到細緻

何佳鴻表示，一般會接觸到裝卸倉儲貨櫃業，主要會分成幾個區塊：港口、工業區、市區，而「鴻昇裝卸倉儲有限公司」主要就是從事服務內容最全面、繁雜的「市區」部分。公司主要提供平台，負責接洽需要貨櫃、裝卸倉儲、堆高起重工程或搬家的客戶，像是衛浴設備、五金百貨、飯店等都是主要客群。當中國大陸貨物運來台灣，需先報關當地的報關行，檢驗完成後才會經由貨櫃船運送到台灣，再經過在地報關行清關後，這時何佳鴻就會安排師傅前協助拖櫃、裝卸櫃於客戶指定地點。

在何佳鴻帶領下，設定合理也人性之規範，並要求自己與夥伴們照著規矩、制度來進行。例如：禁止抽菸與嚼檳榔、穿戴整齊、只能穿工頭鞋、長褲。在工作方面，要求師傅服務細緻、用心。果然這樣執行下來，不僅達到客戶的需求，報酬自然也提高，讓公司經營更為穩健，逐步讓這個產業受人敬重。

## 先做人，再做事

起初，本身裝卸倉儲貨櫃產業是以人力為主，因此，所聘僱的員工會覺得錢不多、業績制不穩定，導致只有三、四名比較得力的員工。但隨著何佳鴻企業化經營，秉持先讓員工賺到該有的收入、員工才會穩定之想法，以及真誠相待、以身作則，稱呼所有協助他的夥伴為師傅，適時給予管理責任，讓他們擁有被尊重、團隊一份子之感受，如今員工數已近 30 人。值得一提的是，公司並未受到疫情影響，反倒業績還因此成長，讓何佳鴻非常感恩。

再者，何佳鴻也對於員工離開並自己創業樂觀其成，因為經營的好，可說是相當值得驕傲；經營不善，也有機會回來成為夥伴。所以，對他而言，他樂見於員工出外自主創業，同時也願意提供加盟資源。

上圖：「五年叫入行、十年才稱王。」何佳鴻表示自己的人生是「玩」出來的，但既然要玩，就要認真玩、玩到最好

中圖：「做人」永遠比「做事」還重要，人品永遠是首要重點。況且，只要會做人，就一定會做事

下圖：把生命的維度修好，有一顆助人的心，找到屬於自己的軌道（兩張圖皆為何佳鴻與交通大學創業課程師生前往杜拜、從旁協助指導卸下比賽所需材料設備之照片）

今天的努力
明天的实力

圖：何佳鴻從旁觀察知名大企業的客戶經營，也向長輩、貴人取經，進而讓公司營運正式步上軌道

圖：對何佳鴻而言，金錢只是數字。如何將裝卸倉儲貨櫃產業更被尊重，
是何佳鴻不遺餘力之方向